山东社会科学院出版资助项目

德法共治下的生态文明研究

谢桂山　著

中国社会科学出版社

图书在版编目（CIP）数据

德法共治下的生态文明研究／谢桂山著．—北京：中国社会科学出版社，2019.11

ISBN 978-7-5203-5324-3

Ⅰ.①德… Ⅱ.①谢… Ⅲ.①生态文明—建设—研究—中国 Ⅳ.①X321.2

中国版本图书馆 CIP 数据核字（2019）第 215172 号

出 版 人　赵剑英
责任编辑　冯春凤
责任校对　张爱华
责任印制　张雪娇

出　　版　中国社会科学出版社
社　　址　北京鼓楼西大街甲 158 号
邮　　编　100720
网　　址　http：//www.csspw.cn
发 行 部　010-84083685
门 市 部　010-84029450
经　　销　新华书店及其他书店

印　　刷　北京君升印刷有限公司
装　　订　廊坊市广阳区广增装订厂
版　　次　2019 年 11 月第 1 版
印　　次　2019 年 11 月第 1 次印刷

开　　本　710×1000　1/16
印　　张　13.5
插　　页　2
字　　数　218 千字
定　　价　78.00 元

凡购买中国社会科学出版社图书，如有质量问题请与本社营销中心联系调换
电话：010-84083683

目　录

序　言

党的十七大提出要建设生态文明，从此生态文明理念成为指导经济社会建设的基本理念，以后历届党的会议都将生态文明作为重要内容。党的十八大以来，生态文明体制改革成为全面改革的重要内容，建设美丽中国成为国家重大战略。改革开放以来，我们对生态文明的认知经历了一个由浅入深、由局部到全面、由理论到实践、由单项法律实施到上升至根本大法的转变。“推动物质文明、政治文明、精神文明、社会文明、生态文明的协调发展，把我国建设成富强民主文明和谐美丽的社会主义现代化强国，实现中华民族伟大复兴”[①] 成为我国宪法规定的重要目标。

一　人与自然是生命共同体

自然界是人类生存与发展的家园，人是生态系统最重要的成员。地球是人类栖息地，也是其他非人类的栖息地。自然是人类的自然，也是其他非人类的自然。人和自然万物都需要一个结构完善、功能齐全、良性循环、氤氲演化的生态环境系统。张载在其《西铭》中提出“民吾同胞，物吾与也”的思想，他认为，天是我父，地是我母，人皆天地所生，禀受天地之气而成性，其在宇宙间是很藐小的，和万物一样生存于天地之间。天下之人皆为我的同胞兄弟，天地间的人和物皆为我的同伴朋友，对待他人应如兄弟，对万物之爱亦如对人之爱。这种“对天地的崇敬性、自然的亲密性、万物的爱护性的体认”“对人类道德地、理性地、完美地

① 《中华人民共和国宪法》，法律出版社 2018 年版，第 58 页。

处理与天地万物自然关系，有莫大的启发价值”。[①] 人类必须尊重自然、顺从自然、保护自然，生态环境关乎国家繁荣、民族永续、社会文明、个体延续，人类只有遵循自然规律，才能保护自然，最终保护自己，实现永续发展。人类与自然的紧张和冲突最终会伤及人类之本和人类之根。传统工业文明必然导致人类与生态环境之间的严重冲突，气候变暖、生态恶化、沙漠化严重、物种灭绝、食品污染、资源短缺是这一冲突的表征。人与自然的冲突是导致人与人冲突、人与社会冲突、国际关系冲突的一个重要成因。一方面，人与自然的关系最终决定着人与人的关系、人与社会的关系；另一方面，人与人、人与社会的关系对人与自然的关系有巨大的反作用。人与生态环境关系的恶化、失衡甚至冲突引发的生态危机已严重伤及和危害到人类的生存与发展。“为了民族的福祉、国家的繁荣、民族的未来，必须以民族的生命智慧和智能创造，化解生态危机”，[②] 生态文明是人类文明发展的必然选择。

二 生态文明是人与自然关系的智慧与理性反思

迄今为止，人类社会经过原始文明、农业文明、工业文明，发展到生态文明，这是人类文明演进发展的规律。纵观人类文明史，原始文明大约经历了 100 万年的时间，农业文明经历了 1 万年的时间，工业文明仅仅经历了 300 多年的时间。现在人类已经进入生态文明时代，生态文明是人类的新文明，21 世纪是人类实现生态文明的时代，人类将以创造性的生态理念、生态实践以及生态伦理和生态法治，建构一个人与自然的命运共同体、一个崭新的生态文明社会。

生态文明是人类的智慧发现，是人类主动、理性、科学审视人与自然关系的一次飞跃，是人类反思传统工业文明造成的生态危机从而伤及人类自身生存与发展的理性自觉，也是人类拯救自然从而拯救自己的一次文明自觉。生态文明思想是在吸收借鉴生态伦理学、生态学、人类学、环境学、地理学、景观学、地质学、生物学、控制论、信息论和可持续发展理

---

① 张立文主编：《天人之辨——儒学与生态文明》，人民出版社 2013 年版，第 3 页。

② 同上书，第 7 页。

论等先进理念、思想、成果，发掘吸收中西传统文化中的生态智慧，会诊把控人与自然关系内在机制和当下生态问题成因，基于人类社会可持续发展和永续发展的目标要求，形成的一种高级的新文明形态。

以儒释道为核心的传统东方文化，特别是中国传统文化中蕴藏着丰富的生态文明智慧和生态伦理思想，这些优秀的思想资源不仅是中华文明延续传承的文明基础，也是生态文明健康生长的历史文化养分和伦理富矿。中国传统文化中，整体论的哲学基础、天人合一的理想信念、万物平等的生态价值观、仁慈好生的生命关怀、圣王之制的资源保护观，以及敬重尊重智慧、仁民爱物智慧、中和并育智慧、顺应自然智慧、赞天地之化育智慧，是生态文明建设的重要历史文化资源。“儒家以有机整体思维方式思考人与自然生态的关系，以仁爱之情对待自然生态，将人类与自然生态视为一有机整体，超越了狭隘的人类中心主义。”①

儒家以天、地、人三才共生共荣作为处理人类与自然关系的整体架构，以将世界万物视为统一整体的理念和思想为出发点，用仁爱、尊重、保护的态度处理人与自然的关系，于当今我们有重要的借鉴价值。

《老子》之“人法地，地法天，天法道，道法自然”，凸显了道家之真知灼见，彰显了人类最高的生态智慧是“道法自然”。自然乃道之本性，天地法之，故天地亦自然；万物法之，万物亦自然。天地万物具自然之性，生显运行，生生不息。人类是遵天道顺自然而产生的生命族类，应效法本然之道和天地之道，顺应万物嬗变之律，遵循万物本然状态，切莫干预万物演变之则。“天地与我并生，万物与我为一”的生态智慧理念，要求我辈摒弃人我独大价值观，主动消解自然立法者心态，尊重其他生命和非生命的平等权利。因之，道家智慧传统关于人与自然万物、人类与非人类、自然系统和人类系统同构互动共荣关系的思想，是当下热爱、尊重和顺从自然之生态文明的文化资源。

传统佛家生态智慧亦是现代生态文明的思想资源。传统佛教生态智慧和生态理念与现代生态智慧和生态文明高度契合。传统佛教生态理论是化解当下生态危机的重要文化资源和解决之道。

---

① 王雅：《儒家生态文明的理论与实践》，载张立文主编《天人合一——儒学与生态文明》，人民出版社 2013 年版，第 171 页。

三　新时代生态文明理念

生态文明理念是我国经济社会发展的崭新理念。习近平总书记在浙江工作时，就提出了绿水青山就是金山银山的思想。党的十八大以来，他多次强调要保护生态环境、改善生态环境、树立生态文明理念，像对待生命一样对待生态环境。这些新文明理念和新发展思想，彰显了我们发展方式和执政方式的重大转变，为正确处理人与自然、人与人、经济发展与生态保护的关系，实现人与自然和谐共生提供了思想指引和行动指南。

正确处理人与自然的关系，实现人与自然和谐发展、共生共荣，是新时代统筹“五大建设”基本方略的重要组成部分，保护生态环境和建设美丽中国是实现经济社会高质量发展的战略要求。党的十八大以来，生态文明顶层设计，保护生态环境的新理念、新思想、新要求，凸显了实现绿色发展、可持续发展、永续发展是千年大计、转变经济发展方式、建设美丽中国的民族追求，彰显了一个负责任大国对世界的庄严承诺。

目前，我国生态治理模式逐渐形成，环境污染治理成效显著，生态文明制度体系的“四梁八柱”已经形成，环境保护、土壤保护、水污染防治、大气污染防治、环境影响评价、核安全法等多部法律法规已完成修订。特别是关于土壤污染防治的立法已进入全国人大常委会立法审议程序，环保执法督查更加严格，环境司法得到保障，环境质量明显改善。中国是全球环境治理中的重要一员，我国政府已批准加入 30 多项与生态环境治理有关的议定书和公约，向联合国交存《巴黎协定》批准文书，成为全球生态文明建设的重要参与者、贡献者、引领者。

四　坚持多元治理、凸显德法共治

习近平新时代中国特色社会主义思想是我国生态文明建设的指导思想。我国生态治理必须坚持以人民为中心，将经济发展与生态保护融为一体，将生态文明融入经济社会文化政治建设全过程、全领域。生态环境治理必须坚持多元治理，充分发挥经济手段、社会手段、政治手段、行政手段、文化手段、道德手段和法律手段作用，其中道德手段和法律手段的互动共治，作用重大。凸显德法共治作用，建设美丽中国，实现生态治理的现代化，是当务之急和千年大计。

首先，加快新旧动能转换，构建绿色发展模式。实现人与自然的共生共荣，必须彻底放弃以盲目增加物质资源消耗、粗放扩张发展规模、过多依赖高污染、高能耗、高排放产业的旧动能。要根据实现高质量发展的要求，不断优化产业布局，加强产业结构调整，培植战略性新兴产业和现代服务业的新动能，构建绿色、低碳、循环、可持续发展的发展方式和发展模式，尽最大努力降低人类生产生活和消费行为对资源、能源的消耗，实现中华民族永续发展的目的。

其次，坚持系统治理、综合治理和源头治理。要将大气、水、土壤治理作为重中之重。采取多种举措，系统、综合治理大气污染，还百姓蔚蓝天空。要持续开展江河湖海的污染治理，尤其是加快生活用水和灌溉用水的污染防治，将生态污染杜绝于源头之始。要加强土壤修复、管控和治理，将农村人居环境整治作为乡村振兴的重要内容。要加强农业污染源深层治理，使山水林田湖草系统修复成为保障农村实现全面小康的重要支撑。特别要加大农村生态系统保护力度，实行修复、保护和发展一体化推进，提高农村生态系统稳定性和可持续性。

再次，加强生态环境的法律法规建设，健全生态文明制度体系。一是生态文明法治及其制度建设，是生态文明建设和生态治理最可靠的制度保障。健全生态环境的立法、执法、司法和普法的体制机制，不断改革生态环境监管体制，构建一套完善、科学、适应性强的环境治理制度，建构环境保护督察机制、环境保护考核机制、环境破坏责任追究机制和有效保护环境的奖罚机制，健全责任权利评价体系，是生态治理有效推进的根本保证；二是完善生态保护和生态治理的相关法律制度建设。构建科学完整、具有可操作性、可回察性和公开公正透明的排污许可制度、环境信息公开制度、生态环境损害赔偿制度，是生态治理的具体制度保证；三是构建绿色金融、信贷、债券等生态治理支持制度，将企业和部门环境信用评价、惩戒激励、上市融资等作为重要评价标准，是生态治理的支持制度保证；四是构建生态治理的社会法治治理机制，依法形成生态环境治理和保护的社会机制，形成生态保护的市场化、多元化生态补偿机制、激励机制、奖励机制，增强生态环境保护制度的刚性约束力，形成生态治理的重要机制保证。

最后，加强生态环境的德治建设，构建现代生态文明德育教育体系。人类是自然母系统中的一个子系统，自然生态系统以及其他子系统在交换物质、能量和信息中获得氤氲变化、演进发展，自然生态系统是人及其人类自身存在的客观条件。生态伦理既反映出人与自然的关系，其中又蕴藏着人与人、人与社会的关系，是人类独有的伦理价值理念与价值关系的表达。因此，要将道德关怀对象从人和人类社会系统拓展到自然生态系统，实现人类道德关怀与自然道德关怀共同发展。生态伦理是人类处理人与自然、人与人、人与社会关系的一系列道德规范，是调整人类在生态生产和消费等活动中各种关系的道德规范和道德原则，是生态文明的伦理理念和价值引领。

要使生态文明的伦理规范和伦理原则内化于心、外化于行，加强生态文明教育，充分发挥德治在生态文明中的规范作用和倡导作用，至关重要。生态文明建设与每个公民密切相关，我们每个人都是践行者、推动者。一是要建构生态保护的德治机制。在整个生态环境的德治体系中，各级政府的道德引导示范作用在德治体系中居于重要位置，企业行业自律机制的完善是德治体系的重要主体，社会公众主动参与是德治体系建构的基础。构建以政府为主导、企业和社会组织为主体、全民公众共同参与为基础的德治体系，是生态治理德治建设的三个重要向度；二是构建生态环境保护德育的推广机制，将生态环境保护作为国民德育教育、干部德育教育、公民德育教育的重要内容，将绿色办公、节约型机关、节俭家庭的道德教育贯通其中；三是构建生态环境保护的道德责任机制，理清政府道德责任、社会道德责任、企业道德责任、社会组织道德责任和公众的道德责任，通过道德规范有效保证责任落实；四是形成简约适度、绿色低碳的道德风尚，消除和反对奢侈、过度、超前、炫耀、盲目和不合理消费，在绿色政府、企业、家庭、学校、社区和出行创建中植入道德的内容和形式，以德治构筑全社会生态环境保护心灵堤坝；五是将德治作为全球环境治理的重要内容。生态文明共同体是人类命运共同的重要组成部分，造成环境危机、生态破坏和资源短缺的一个重要的原因是人类生态道德的缺失，是人与自然关系的紧张和对立。在人类命运共同体建设中，生态文明共同体建设具有普遍伦理价值。生态伦理是生态文明价值引导和生态文明重要内容，在生态环境治理中，德治有其他治理方式所不具备的独特作用，是全球生态治理中不可或缺的手段和内容。

第一章　生态伦理是生态文明的内在价值指向与理念引领

生态伦理是人类对自身及其外部世界的道德文化观照，是将人类伦理延伸到自然界，通过协调、平衡和正确处理人与人、人与社会、人与自然等方面的利益关系，规制和重构人类与自然道德关系的新型伦理。生态伦理认为，人与生态环境都应是伦理学关怀的主体，伦理学的出发点是人和生态环境，最终的对象应该是包含人在内的整个自然界。生态伦理要真正根植于人心，在全社会形成浓厚的生态文化至关重要。以生态伦理为核心的生态文化必将成为人类社会生态文明建设的基本方略。基于人类文化特别是生态文明的要求，生态伦理学既要具有清晰的价值定位，即超越生态学的纯自然视角，凸显人与自然关系的社会性，又要建构国家间的普遍伦理价值，达成普遍的伦理共识，即爱护、敬畏、尊重自然界，承认自然界的权利和价值，实现保护自然界所有生命和非生命的目的。与传统伦理学单纯以人类为出发点和目的不同，生态伦理是一种新的全球伦理观，它通过合德与合法的方式诠释人类的道德动机和道德目的，构建自己的生态伦理话语体系。因之，生态伦理在全球伦理抑或普遍伦理的建构中具有优先的价值，是生态文明的内在价值指向与理念引领。

一　生态道德与生态伦理

（一）道德与伦理

在西方的词源意义中，人们普遍将道德和伦理道德视为同一个东西，其根本原因在于道德和伦理有相同的含义。道德和伦理都是指“外在的风俗、习惯以及内在的品性、品德，说到底，都是指人们应当如何的行为规范”。[①]

但在中国传统文化语境中，伦理与道德是整体与部分的关系，“伦理是整体，其含义有二：人们行为事实如何的规律及其应该如何的规范；道德是部分，其含义仅一：人们行为如何的规范”。[②]

道德是“以善恶评价为形式，依靠社会舆论、传统习惯和内心信念用以调节人际关系的心理意识、原则规范、行为活动的总和”。[③] 道德既包括道德意识、道德规范，也包括道德实践。“一般而言，道德可分为主观与客观两个方面的内容。客观方面，指一定的社会对其成员的要求，包括伦理关系、伦理原则、道德标准、道德规范和道德理想等，它贯穿整个社会生活的各个方面，如社会公德、家庭美德和职业道德等。主观方面，指个人的道德意识和道德实践，包括道德信念、道德情感、道德意志、道德判断、道德行为和道德品质等”。[④] 也有学者认为，“道德是社会制定或认可的关于人们具有社会效用（亦即利害人己）的行为应该而非必须如何的非权力规范”“道德或道德规范，就其自身来说，只是一种形式；它包容和表现着道德价值。换言之，道德具有形式与内容的结构，它是道德规范形式和道德价值内容的结合体：它的形式是道德规范，而内容则是道德价值”。[⑤]

统览中国古籍，“道德”一词出现较早，萌发之初，“道”与“德”分而用之。“道”之本义是道路、行事路径，后演变引申而理解为行事规律、必然法则、方法等。“德”者，得也，本义为得到或者协调适宜。人之内所得，即在成其为人的必然要求方面之“得”，即为“德”。“道德”二字连用较早见于《易传·说卦》：“昔者圣人之作《易》也，幽赞于神明而生蓍，参天两地而倚数，观变于阴阳而立卦，发挥于刚柔而生爻，和顺于道德而理于义，穷理尽性以至于命。”《礼记·乐记》曰：“凡音者，生于人心者也；乐者，通伦理者也。是故，知声而不知

---

① 王海明：《新伦理学原理》，商务印书馆 2017 年版，第 116 页。

② 同上书，117 页。

③ 参见朱贻庭主编《应用伦理学辞典》，上海辞书出版社 2013 年版，第 36 页。

④ 同上书，第 37 页。

⑤ 王海明：《新伦理学原理》，商务印书馆 2017 年版，第 121、123 页。

音者，禽兽是也；知音而不知乐者，众庶是也。唯君子为能知乐。是故，审声以知音，审音以知乐，审乐以知政，而治道备矣。是故，不知声者不可与言音，不知音者不可与言乐。知乐，则几于知礼矣。礼乐皆得，谓之有德。德者得也。”《管子·心术下》曰：“形不正者，德不来；中不精者，心不治。正形饰德，万物毕得。”《管子·霸言》则曰：“本理则国固，本乱则国危。”《庄子·齐物论》曰：“是非之彰也，道之所以亏也。道之所以亏，爱之所以成。”《荀子·劝学》曰：“故学至乎礼而止矣，夫是谓道德之极。”因之，“行为之如何规范”是词源意义之“道德”。“道”乃外在之规范，“德”乃内在之规范，社会之规范是否内化于个体内心，是词源意义之“道”与“德”之别。一种社会规范，若未内化于个体之内、化于个体之心理，则是“道”，反之则为“德”。

冯友兰先生认为，“道”之意义有六：一是路之意，寓意引申为道德之法、所性之路。“君子务本，本立而道生。孝悌也者其唯人之本欤?”(《论语·学而》) 君子须治于根本之要，根本立，治国做人旨归则生。孝悌是为人之道，亦是人道德方面的取法之路；二是真理之意。孔子曰：“朝闻道，夕死可矣。”(《论语·里仁》) 三是指真元之气；四是指“动底宇宙”；五是指“从无到有的变化程序”；六是指“天道”，亦即天地阴阳变化之理。[①] 综括冯友兰先生的研究，我们可管窥他关于“道”主宰之意，法道德之路、循道德之法是思论之要。朱熹曰：“据者，执守之意。德者，得也，得其道于心而不失之谓也。得之于心而守之不失，则终始惟一，而有日新之功矣”，因之，“道德”实乃践履道之后的收获、所得，沿着道前行，能至于善，达成至善。

“伦”与“理”原初之义不同。黄建中认为：“宇宙内人群相待相倚之生活关系曰伦；人群生活关系中范定行为之道德法则曰伦理；察其事象，求其法则，衡其价值，穷究理想上至善之鹄，而示以达之之方，曰伦理学。”[②] 中国传统文化中，“伦”之义原初是音乐旋律、节奏的安排，后渐成人际关系和“识人事之序”，最终“伦”指向人际关系。古代中国以

---

① 冯友兰：《贞元六书》(上)，华东师范大学出版社 1996 年版，第 72 页。

② 黄建中：《比较伦理学》，山东人民出版社 1998 年版，第 18 页。

血缘关系基调构建家庭、社会、国家的等级秩序和相互关系，人伦伦理凸显人际关系中名分和辈分的关系。作为“人群相待相倚之生活关系”，“伦”有辈、类、比、序、等之义。故“人群类而相比，等而相序”,①人群相待相倚的生活关系可见一斑。黄建中认为“伦”之主义有三：其一是集合关系之义，伦从人，仑声；其二是对偶关系之义，伦者，轮也；其三是联属关系之义，伦者，纶也。“抑人之相集合也，非为乌合，人之相对偶也，非如木偶，人之相联属也，非等机械。其为群也，有组织，有官能，有生命，有意志，群之本身即为一‘有机体’。人生息于群体之中，犹细胞然，细胞不能离肌体而生存，个人不能离群体而生存。人与人交互织入群体而构成共同生活之关系，是之谓伦。”②

“理”，乃中国古代伦理和哲学的重要概念。《庄子·知北游》曰：“天地有大美而不言，四时有明法而不议，万物有成理而不说。圣人者，原天地之美而达万物之理。是故至人无为，大圣不作，观于天地之谓也。”理为万物运行法则。中国古代为凸显伦理的中国传统文化，借喻自然之义，将理之要义更多适用于人文领域。《孟子·万章下》曰：“孔子，圣之时者也。孔子之谓集大成。集大成也者，金声而玉振之也。金声也者，始条理也。玉振之也者，终条理也，始条理者，智之事也。终条理者，圣之事也。”“至于心，独无所同然乎？心之所同然者何也？谓理也，义也。圣人先得我心之所同然耳。故理义之悦我心，犹刍豢之悦我口。”（《孟子·告子上》）朱熹则认为“主宰心者”为理，《吕氏春秋》将“理”视为“是非之宗”，将“理”的自然维度扩充至人文社会维度，“理”由自然之理演变为社会之理，成为是非之宗、道德之则。

“伦理”连用历经久远之文化“蒸馏”过程。《礼记·乐记》较早将二者连用。“凡音者，生于人心者也；乐者，通伦理者也。”“知乐，则几于礼矣。礼乐皆得，谓之有德。德者得也。”伦理主要是人伦之理，是家庭、族群、社会、国家规范调整人际关系的客观规则。

由上可见，古代中国“伦理”之用更多接近“义、理、伦、伦常、纲常、仁义、天理等词”，而“道德”之用更多与“道、德、仁、仁爱、

---

① 黄建中：《比较伦理学》，山东人民出版社1998年版，第22页。

② 同上书，第23页。

德行、德性、心性等词”接近，[①] 及至近代，伦理和道德才固定为基本的伦理学概念而别于法律、宗教、哲学等。伦理包括人际关系应该如何和事实如何，道德仅仅是人际关系应该如何。“伦理”更侧重于社会，更强调客观方面；“道德”更侧重于个体，更强调内在的操守方面。一个家庭、社会、团体和国家的伦理秩序亦即其道德规范，伦理秩序的背离亦即不道德之呈现，合伦理秩序之行为亦即道德之行为。“伦理是道德所要遵循的社会道德之理，也可以说一定社会的伦理原则是这一社会道德所应遵循的规律。合此规律为道德，违此规律为不道德的，与此无关的行为称为非道德的”。[②] 因为“伦理是一种律令形式向我们呈现，如同道德之必需。这种律令来自个体的内在的源泉，文化、信仰、共同体规范”[③] “道德是社会制定或认可的关于人们具有社会效用的行为应该而非必须如何的规范”，[④] 即是非强制性、非权力性的规范。尽管二者有别，但非学术研究者，更多在同一意义上使用“伦理”和“道德”。而“伦理学者，论定人群生活关系之行为价值，道德法则，穷究理想上至善之鹄，而示以达之之方者也”。[⑤]

（二）生态道德与生态伦理

生态道德是人类为保护生态环境，调整人与自然的关系而形成的道德意识、道德理念、道德规范和行为实践的总和。[⑥] 它消解人与自然的紧张关系，将人类特有的善即道德关怀诉诸生态环境，以朋友之心和朋友之为，协调人与自然的关系，尊重自然界的权利，承认自然界的内在价值。它消解人是自然主人和改造征服心态的拘囿，将人作为自然界中一员。自然界是人的家园，亦是所有生物、动物和植物的家园，宇宙万物互为存在的基础，人之存在要以万物存在为前提，反之，万物之存在和发展亦需要人之道德关怀。因之，生态道德的基本精神意蕴就是“厚德载物”“赞天

① 何怀宏：《伦理学是什么》，北京大学出版社 2002 年版，第 10 页。
② 程东峰：《责任伦理导论》，人民出版社 2010 年版，第 13 页。
③ ［法］埃德加·莫兰：《伦理》，于硕译，学林出版社 2017 年版，第 31 页。
④ 王海明：《新伦理学原理》，商务印书馆 2017 年版，第 121 页。
⑤ 黄建中：《比较伦理学》，山东人民出版社 1998 年版，第 35 页。
⑥ 朱贻庭主编：《应用伦理学辞典》，上海辞书出版社 2013 年版，第 183 页。

地之化育”，尊重自然界生命之多样性、丰富性、自在性和价值性，实现“万物并行不悖”之目的，实现人类子系统内在平衡、自然子系统内在平衡，维护人类系统与自然系统的生态平衡，塑造人类社会与自然环境的新型伦理关系，促进人、社会、自然的协调发展。

详而言之，生态道德有如下特征：

一是生态道德是生态环境内在本质需要的反映，是生态环境保护道德要求的体现，是对人类普遍生态行为规制的基本道德规范。

二是生态道德是对人与自然、人与社会、人与人之间的最本质、最主要、最普遍关系的道德反映，体现了社会群体对人们的基本道德要求，是人们认识和掌握道德现象达到较高阶段，成为人们的内心信念，并以此来指导和制约自己的行为准则。

三是生态道德的基本精神是“以人类特有的道德自觉态度协调人与自然的关系，重视自然界的权利和内在价值，尊重地球上生命形式的多样性，爱护各种动物和植物，保护自然环境，合理利用自然资源，维护地球生态系统的平衡，促进人类社会与自然环境的协调和可持续发展”。[①] 生态道德的产生、发展是人类道德理念、道德意识和道德思维的飞跃和革命，它改变了传统自然观主客对立的理论范式，人类由征服者、自我价值至上转变为自然界的朋友和“善良公民”。

四是生态道德的形成，导致人类的道德视野拓宽、道德规范对象扩容、道德治理领域转向、道德调节范围扩大。道德不仅要调节人类关系，而且要调节人与自然的关系，道德调节和规范的视域已从人类利益、当代利益推展至自然利益、后代利益、全体人类利益和整个生态系统利益。

生态道德属于生态规范范畴，生态道德亦即生态道德规范。生态道德的结构亦即道德规范之结构。生态道德规范是人有意识、有目的制订、约定或认可的。人类根据生态行为事实对生态道德目的之效用而制定、约定或认可生态道德或者生态道德规范。生态行为事实之生态道德目的之效用，亦即生态行为应该如何，亦即生态道德价值。因之，生态道德或生态道德规范归根结底是根据生态道德价值而制定、约定或认可的。生态道

① 朱贻庭主编：《应用伦理学辞典》，上海辞书出版社 2013 年版，第 183 页。

德、生态道德规范与生态道德价值三者具有内在的一致性和统一性，生态道德或生态道德规范亦即生态道德价值规范，某种意义而言，三者乃是同一概念范畴。

但需要指出的是，生态道德或生态道德规范与“生态道德价值”有根本不同，因为生态道德或生态道德规范是人有目的、有意识制订、约定或认可的，但生态道德价值则非人之制订或约定。生态道德价值，泛指生态环境对于生态道德主体表现出来的积极意义和有用性。生态道德或生态道德规范是基于生态道德价值制定或认可的，生态道德或生态道德规范是生态道德价值的表现形式，生态道德价值是生态道德或生态道德规范的表现内容。因之，生态道德之结构是形式和内容统一体，是生态道德规范形式和生态道德价值内容的结合体。

细究可见，生态道德的完整结构，仅有生态道德规范形式和生态道德价值内容尚不够全面完整，塑造完整的生态道德结构，还离不开生态道德价值判断。生态道德价值判断是实现生态道德价值到生态道德规范之飞跃转化最重要的中介。生态道德规范的制订过程，其程序基本遵循着这样的嬗变规律：首先，探究生态道德价值，理清生态道德价值究竟如何；其次，是生态主体形成的道德价值判断；最后，生态主体在生态道德价值判断的引领下，制订与生态价值符合的生态道德规范。

质言之，生态道德是由生态道德价值、生态道德价值判断和生态道德规范三要素构成的。在生态道德的完整架构中，生态道德规范是生态价值判断的表现形式，生态道德价值判断亦是生态价值的表现形式。生态道德规范和生态道德价值判断实乃生态道德价值形式，皆为生态道德价值之内容、对象。生态道德价值判断是生态道德价值的直接形式，是生态道德价值在大脑中的反映，是生态道德价值的思想形式，而生态道德规范是生态道德价值的间接形式，是生态道德价值经过生态道德价值判断在行为中的反映，是生态道德价值的规范形式。

作为生态道德的内容——生态道德价值亦由两个基本因素构成，即是生态道德目的与生态行为事实。生态道德价值抑或生态行为如何应该，即是生态行为事实如何对于生态道德目的相符抑或违背之效用。换言之，符合生态道德目的的生态行为之事实，亦即生态行为之应该，抑或正生态道德价值，反之，就是生态行为之不应该，抑或负生态道德价值。因之，生态道德价值是生态行为事实如何对于生态道德目的之效用，由生态行为事实和生态道德目的两个因素构成。生态行为事实是生态道德价值构成的源泉和实体，生态道德目的是生态道德价值构成的条件和标准。这是生态道德内容的结构，亦是生态道德的深层结构。

总之，生态道德结构由四个基本因素构成，生态道德规范、生态道德价值判断、生态道德目的和生态行为事实。这也是生态伦理学的整体架构，是由外而内、形式和内容相统一的整体。生态道德规范之效用，由生态道德价值判断所决定，而生态道德价值判断最终由生态道德目的和生态行为事实所决定。

（三）生态伦理

人类是生态系统中的一个子系统，人类繁衍和人类社会的发展，必须与生态环境系统进行物质、能量和信息交换。生态环境系统是人类及其各种社会组织存在和发展的基础和前提，是人类社会之伦理文化和各种文化得以延续的载体。人类对生态环境系统的道德关怀，亦即对人类自身存在的道德关怀。人类关于生态环境的所有意识、理念、思想以及行为规范涉及伦理性的方面，是生态伦理的基本元素和基本内涵。因之，生态伦理是人类在生态实践活动中形成的伦理关系及其调节原则。

生态伦理属性和生态环境保护的伦理价值是生态伦理的两个基本向度。生态伦理的核心和主旨是实现人类的进步与发展，保护自然资源，实现生态平衡，为生态文明建设提供道德价值理念引领、道德文化支撑和道德智慧支持。"在理论上，人类有关生态行为究竟是以自身还是以自然生态价值为中心，人与自然的关系究竟在何种意义上具有道德属性，自然是否具有以及在何种程度上具有内在价值，仍然有广泛争议。"①

生态伦理首先关注的是自然的权利问题。传统的规范伦理学关于保护自然的伦理依据是，人为了保护人类自身的利益而保护生态环境。这种人类中心主义的伦理形式实质依旧没有冲破"人是自然的主人"的哲学逻辑，也无法解决人与自然关系冲突的利益困扰。平等地承认自然权利和道德地位，必然向人类提出相应的道德要求和道德义务。

① 朱贻庭主编：《应用伦理学辞典》，上海辞书出版社 2013 年版，第 182 页。

赋予人与自然万物同等道德地位导致生态伦理内部衍生出两大颇具影响的流派：人类中心主义、非人类中心主义。前者认为自然万物不拥有道德地位，自然物的道德地位和道德权利皆为人所赋予和假定；后者则认为自然万物拥有道德地位，自然物天生拥有其道德地位和道德权利。

非人类中心主义分化成感觉中心主义、自然中心主义、生物中心主义。感觉中心主义伦理认为，凡有感觉的动物都享有人类的道德关怀，“感受性”是其重要的标准，以“动物解放”论和“动物权利”论为代表。

生物中心主义伦理秉持的原则是，道德关怀不应以是否有生命为标准，而应扩充至所有的动物、微生物和植物，“有生命，要尊重”，敬畏生命，给与生命道德关怀，是这一流派的底色。

自然中心主义认为包括无机物在内的整个自然界都拥有道德地位和道德权利，都应是人类道德关怀的范围和对象，山川、草原、森林、河流、江河等，都是道德共同体的范围。

生态伦理还将环境正义和社会变革纳入自己研究的视域。因为全球资源、能源的分配和消费严重失衡，全球资源、能源的有限性、稀缺性与人类需求的无限性、阶梯性严重矛盾，故此环境问题解决的前提必须是环境正义。“当代人对资源的挥霍和对环境的污染已经不单单是关乎同代人之间利益分配的问题，它还必将危害未来人的根本利益”。[①] 因之，生态伦理学思虑的维度应是“当代—未来”视域，道德关怀向度应从“人—自然”转变为“自然—人”，道德关怀的无界限性和未来性、代际性是生态伦理更为重要的内容。要实现生态伦理的价值设定，必须基于经济社会变革，重塑社会结构，消解社会非正义，实现社会公平正义，进而实现环境正义。只有将社会正义和环境正义结合起来，才能从根源上消除导致环境破坏、生态污染、资源掠夺、盲目消费的社会结构和社会制度（资本主义）。

---

① 卢风、肖魏主编：《应用伦理学概论》，中国人民大学出版社2008年版，第206页。

二 生态伦理的价值取向

20 世纪中叶和 21 世纪初期，世界范围内的环境保护运动及其伦理思潮风生水起，实现对全人类共同利益、人与自然共同利益的关怀是其根本目的。生态伦理主旨是将人与自然协调的道德价值观视为眼前利益和未来目标的价值引领，将人与人、人与自然、社会与自然关系的共生共荣视为最终道德目标，将生态学、社会学、哲学、法学、法学、价值学、环境学、景观学等作为基础研究方法和研究资源。因之，基于生态文明需要而萌生的生态伦理对人类道德的完善与进步，甚至整个人类文明的发展与进步大有裨益，对构建完美、包容、协调的人与自然新秩序和新形态具有目标引领和道德规制的重要作用。

生态伦理在关注人与人、人与社会的道德关系的基础上，突破了传统伦理视域的界限，由重点探讨人际道德，规范和调整人与人、人与社会之间的道德关系，转向关注人与自然、生态系统等伦理关系，研究场域不再局限于传统的人际领域及其道德关系。生态伦理视人与自然的道德关系为主要对象，旨在规制人与自然的道德关系，实现人与自然的协调发展、共生共荣，这是传统伦理内涵和视域的扩容和延展，是传统道德基于人类文明发展要求的突破和提升。

（一）人与自然的和谐共荣：生态伦理价值取向之一

生态伦理是关于人与自然和谐共荣、整体发展的道德观照。生态系统是一个相互关联、相互依赖、相互作用、不可分割的有机整体。在整个生态母系统中，包含着大系统、中系统、小系统、微系统以及各种环境要素、机制、元素、因子等，它们之间相互联系、彼此依存、相互作用，形成了一个有序稳态的生态结构系统。母系统或子系统的变化，抑或具体要素和元素的变化都会影响其他子系统、母系统以及整个生态系统的变化，甚至会导致某一区域生态系统质的变化。生态系统自身的完善、生态系统物种的进化，都与整个生态系统密切相关。

因此，生态系统是由多个子系统、多种元素、多种成分构建的一个庞大的价值系统，作为物种的工具价值和内在价值要相互转换，单个物种和子系统都是整个生态系统实现稳态发展的价值因子，从整个生态系统的稳态发展中获取自己发展的营养，共同维系着生态系统的繁荣、和谐与发展，子系统和个体物种的主体价值在整个生态系统中得到彰显与表达。在整个生态系统链条上，人与自然的关系最为基础和根本，二者是共生共荣、和谐一体，彼此化育、共同发展的利益整体。

1. 人与自然的和谐共荣说明人自身的良性发展、人类社会的良性发展，必须维系生态系统的良性发展。中西传统伦理的一个共同价值设定，就是人类中心主义，将人之价值作为唯一的尺度，认为人是万物之灵，是生态系统的主人、主宰者、征服者，人的价值高于一切，人是道德的尺度和法律规范的尺度。人在生态系统中具有绝对的自由支配权，一切从人的价值出发，从某个集团、阶级、种族、国家的利益出发于生态系统中获得自身的需要和价值。只承认人的价值、尊严、权利，忽视自然的价值、尊严和权利，这是传统伦理和法律规范的价值设定，是人类中心主义的先天缺陷所在。生态伦理消解了传统伦理之人类中心主义的拘囿，从生态大系统和人与自然的和谐共荣的视域出发，凸显和强调人的生存和发展必须依靠整个生态系统的良性发展，人的利益和价值与自然界的利益和价值休戚相关，人及人类社会仅仅是自然界的一部分，是整个生态系统的一个子系统，人与自然界是共同发展、协同演进的。人作为自然界的一个分子、一个小系统，要遵循自然规律，顺应自然规律，接受自然规律的制约。自然之价值和权利并非是人简单地赋予，自然之存在亦非以满足人类需求为其最终目的，自然具有自己独有的权利和尊严，有其独有的发展规律、实现路径和价值形式，自然与人具有平等的生存权利。超越、凌驾和征服自然，是传统人类中心主义伦理思想的先天性缺陷。

生态伦理观是人的社会性本质和自然依赖性特质的双重道德观照，它强调人类社会的可持续发展必须以自然界的可持续发展为前提和基础，人类的永续发展离不开生态环境良性发展和自然资源的良性可持续利用。良好的生态环境和可持续利用的资源，是人和人类社会演进与发展基础性的保证。自然界恩惠于人类，为人类生存提供各种物质资料。对自然界诉诸道德关怀，是人类应有的道德责任和道德义务，是人类和自然共生共荣、协调发展的基本道德要求。自然存在不是独立于人类存在之外，人类有目的、有意识的实践活动，必然影响自然的进化，自然的变化反过来又会影响人类的实践活动，人之自然的价值在于人不仅仅是自然的开发者、利用者和享用者，亦是自然的管理者、自然整体价值的保护者和自然利益的维护者。因之，保护自然环境，是实现人类永续发展的前提，人类社会的可持续发展必须与自然的可持续发展融为一体、共生共荣、共同化育。

2. 人与自然的和谐共荣说明实现自然界的永续发展，必须维系人类社会的良性发展。人类面对的自然主要是“人化自然”和“自然的自然”。传统伦理学认为，“自然的自然”不具备伦理意义，只有“人化自然”才具有伦理意义，因为只有在社会关系的语境中，人与自然的关系才有意义，人对自然的行为才有伦理意义和道德评价。人类以自然界为对象的各种实践活动皆与人的利益关系密切相关，任何一种实践活动都渗透着人与人之间的关系和利益牵涉，正确处理群体与个体、群体之间、代内之间、代际之间的利益需求和利益关系，是正确处理人与自然关系的前提。因之，人与自然之间形成了一种特殊的伦理关系。人与自然关系的对立与紧张，自然对人类的报复与惩罚，既是人与自然关系的危机，又是人之利益与自然之利益的危机，更是人与自然道德关系的危机。换言之，人与自然关系紧张和危机的背后隐藏着的是更深层的人与人关系的紧张和危机，是人与人、人与社会伦理关系的紧张和危机。无节制、盲目地开发、改造、征服、掠夺自然，满足人一己之欲、某一利益集团之私，必将影响和消解他人和群体的利益满足和价值实现。因此，基于人与人、人与社会的关系及其道德、法律规范的设定，推及之人与自然关系，将有助于形成良好的人与自然的伦理关系和价值关系。人与自然的关系内含着人与人的关系，实现生态环境良性发展、可持续发展和永续发展的目的，是促进人与人关系的和谐和人类社会的可持续发展。归根到底，人是自然的一部分，人和人类社会是自然界长期进化演进的结果，自然界赋予人与人类社会发展最基本的资料和动力，人类的永续发展和人类社会可持续发展，离不开自然界的营养和给予，科学、合理和适度地利用自然、开发自然，是人类和自然协同演进、共同发展之必需。因之，人与人的关系最终必然牵涉人与自然的关系，人的生存发展、人类社会的进化与自然界的生存发展、自然界的进化是共生共荣、互动互助的关系，人对自然的利用和保护，最终有助于人类自身的生存与繁衍。

总之，人与自然的关系和人与人、人与社会的关系密切相关。人的生存发展离不开自然界提供的营养，自然界是人类生存的空间、能源、材料、动力的提供者，与此同时，人化自然亦即现实自然与人和人类的实践活动密切相关，人类的实践活动是自然从“自然的自然”到“人化的自然”转变的前提和基础。

（二）人与自然的平等正义：生态伦理价值取向之二

平等正义是伦理学的基本价值取向之一。生态伦理在传统伦理学强调对人的道德关怀基础之上，将这种道德关怀延伸到自然万物，凸显了人对自然的道德关怀，这是对传统伦理学仅仅强调只有人有资格获得道德关怀的突破与发展，也是平等正义道德价值和理念扩展及自然界万物的伦理表达。

1. 人和自然具有平等的价值。生态伦理学认为，道德不仅仅是调节人与人关系的行为规范，人之外的自然存在物亦有其自身内在的权利和价值，人类是价值的主体，人类之外的自然存在物也是价值的主体。传统哲学和伦理学认为：价值主体必须具有自我意识、目的性和内在价值，人是唯一具有内在价值的存在物，是一切价值的来源，人类之外的自然存在物仅仅具有外在的、工具性价值。这种单一价值论和人类中心价值论的伦理观的片面性和错误就是将人类和自然存在物诉诸于不平等的地位，人之外的自然存在物的价值未能得到肯定，以至于平等、正义与自然存在物无关。

而生态伦理把人与人之外的自然存在物视为一个有机整体和一个整体化价值主体，自然界的整体具有共同的价值，自然界中的主体和客体是相互转化的，人之外的自然存在物对人类的生存与发展至关重要，人类和人类之外的所有自然存在物都有存在和发展的理由和价值，人类决不能将人的存在价值凌驾于自然存在物的价值之上。生态学和生物学认为，所有存在物具有共生性和平等性，其内在价值和外在价值是有机的统一。人类只是大自然的一个种群，不是主宰自然的唯一主人，自然既不是人类的创造，也不单是为人类创造。人类与非人类不是征服与被征服、主宰与被主宰的关系，而是互有价值、互给利益的关系。生态伦理发展倒逼传统伦理学必须实现动力转换和体系转型，改变传统主客对立两极的偏颇和价值偏重的不足，用平等和公正的价值观审视人与自然存在物之间的关系，将公平正义的道德关怀延伸至自然界所有存在物，这是建构生态伦理的基本要求。若将研究视角拓展，我们将会发现，生态伦理学的理论依据是融人文和自然科学智慧为一体，是人超越自然又回归自然，是“成人成物”“成己成类”的内在一致，是人的社会本质和自然本质的氤氲交融、同步生成、彼此成就的具体的历史的统一。生态伦理学的目标追求是既要尊重和承认人类的生命价值、生存价值和历史价值，又要尊重和承认非人类的生命价值、生存价值和历史价值，更要维护自然生态系统的整体价值。这“三个尺度”相统一的原则要求，实质就是平等价值的基本设定和要求。

2. 人和自然具有平等的权利。传统的平等正义理论是以人为中心或核心的，人类利益至上是其主要特征。就权利而言，它将人类作为万物之首和自然的征服者和管理者，人是万物之灵，是权利的唯一主体，凌驾于自然界万物之上，其他自然存在物和人类的生存环境都是人类权益的客体，它们的生存权利主要由人类支配，人有天然的权利，其他自然存在物则无权利。这种道德权利观是导致资源、环境、生态问题和矛盾频现的重要原因。走出人类中心主义道德权利观的困扰，消解单一的经济利益至上拘囿，转向生态中心主义、多元环境利益的视域，将平等、正义、权利诉诸人与自然，形成人与自然权利平等之伦理和法治新理念，至关重要。生态伦理凸显人与自然的权利平等，承认自然界的道德价值，同时必须承认自然界的公平权利，肯定非人类生命主体的平等权利，换言之，自然万物与人类一样，天然地享有自身应有的权利。自然环境的存在并非为人类的存在而存在，自然环境的发展也非为人类的发展而发展，更非以人类利用和征服为目的，自然界的生存权利与人类的生存权利具有同等重要性，正如自然不能剥夺人类的自然权利一样，我们人类也不能无情地剥夺自然的权利。

生态伦理是传统伦理所诉诸的人与自然关系的矫正，权利和义务是对人与自然的双重要求。人有权利利用自然满足自身生存发展需求，但人有责任保护自然，维系自然界的基本秩序和运行时序，有义务尊重自然生存发展规律和要求及自然规律的稳态性和恒定性要求，顺应自然，人类的物质财富和物质产品的获取必须在自然界资源、能源、环境的承受范围之内。生态伦理之平等正义目标主要表现在三个方面：

首先，代内公平。代内公平是指代内的所有人，不论国籍、民族、种族、肤色、宗教、文化、性别、经济等方面的差异，都有平等地利用自然资源和享受清洁、享有良好环境的权利。就历史和当下观之，代内不平等问题令人担忧，生态破坏、资源短缺、环境污染已波及和危害着整个人类的生存发展，现实层面的原因有二：一是很多发达国家的财富聚集、资源获得和能源垄断，有对发展中国家资源的剥削和掠夺之嫌，并大量向发展中国家转移污染源和污染企业；二是发展中国家盲目追求经济的快速增长导致生态环境破坏。在开发自然资源时，既要统筹考虑国家发展水平的不同需求，又要统筹处理不同发展水平国家应分担的环境保护责任。因之，所谓公平不是“绝对平均”的公平，是基于历史发展阶段、发展现状分析而诉诸的公平，主张所有国家平均分担环境责任和义务的所谓公平，不是真正意义上的公平。1992 年，联合国环境与发展大会提出的“代内公平”原则，得到了国际社会及众多国际条约、公约和国际性文件的认可。要做到真正实现代内公平，重新调整不同国家、不同的民族、不同的种族的生态环境利益关系，重构新的国际政治经济治理体系，打造全球伙伴关系新模式，构建人类命运共同体，是一个优先的选择。

其次，代际公平。代际公平是在利用自然资源、消费能源、谋求生存、实现发展上，当代人和后代人有相同的权利，即当代人不能过度消耗后代人生存和发展所必需的环境资源和自然资源。因之，“代际公平”的基本要求是：一是当代人应为后代人保存自然资源和文化资源的充足性和多样性，以实现后代人发展延续的权利，实现非同代人、不同种族选择的相似性、多样性，这是“保存选择原则”；二是每代人都应保护地球及生物物种的数量和质量，上代、当代、后代之间的传递应保持稳定和平衡，当代人必须保护和维持物种数量和质量，这是“保存数量和质量原则”；三是每代人的成员都有权平行接触和使用前代人的遗产，并且为后代人保存这些遗产，换言之，前代人的遗产，当代人有接受、了解和受益的权利，也有继续保存，使下一代人能接触到隔代遗产的义务，这是“保存接触和使用原则”。总之，代际公平原则是可持续发展的一个重要原则，也是全球普遍伦理和国际法领域的一个基本共识，国际交往中的众多公约、规则和协定都普遍遵循上述原则。

最后，种际公平，即是人类与非人类之间的公平。不同的物种之间、人类和其他物种之间是公正平等的道德关系。人类作为自然界的高级生命，应公正平等地尊重爱护自然界的其他生物，承认其他生物的生存权利和道德价值，主动承担保护生态平衡的责任和保护生态系统的义务。人类应以普遍的道德自觉规制自己的行为，使整个生态系统的物种能得到公平的权利，实现整个物种家族的永续发展。

三种公平模式是生态伦理之公平正义的主要内涵，其中后两者亦是生态伦理最基本和首要的目的。现代生态学证明，每个物种在大自然中都有一定的位置，物种之间相生相克、优胜劣汰、适者生存。自然万物都处于自由生存和自由竞争的状态，都有其生存发展的权利。各种物种都具有平等性，没有高低贵贱之分。判断是否公平的主要标志是自然生态规律——自然正义。因之，生态伦理学的立足点就是，必须把对人类生命的尊重与自然生态系统的尊重纳入道德体系中，推而广之，还要纳入宗教、政治、法律和管理学中，如尊重人类生命一样尊重自然系统，人类与自然应互为主体，平等相处，共生共荣，人应赞天地之化育。

生态伦理实质是将道德关怀由人自身拓展到人与自然关系领域，在人与自然的双重氤氲变化、互依共存的动态生成和矛盾运动中，坚持人与自然是平等主体，人与自然有平等价值，以此为主要目标方位，寻求环境恶化、生态退化之根，对片面追求经济增长而酿成的生态隐患、道德缺失、人文退化和价值失向施之追问和纠偏，给予人类生存与发展的生态困境和生态文明时代以强烈关切，建构有效规制和矫正环境正义缺失的道德规范和法律规范，实现利己、利他、利环境三维平等价值，将自利性的内在价值、利他性的工具价值和互利性的系统价值有机统一起来，付诸人与自然系统终极性的道德关怀。

（三）人与自然可持续发展：生态伦理的价值取向之三

生态污染、资源短缺、环境破坏已是严重威胁和影响全人类生存与发展的全球性问题，不绝于耳的质疑和反思皆已证明，传统发展模式和发展方式矛盾交织、问题凸显。从整体性和协同性的视角，理性审视人与自然的内在关系可以发现，可持续发展思想是生态发展观和生态伦理、生态文明赋予人与人、人与社会、人与自然的关系之代内、代际、种际的伦理内涵和道德话语。规制人与人、人与自然之间的道德关系，以伦理文化支撑人与自然的平衡协调、互助互氲，实现可持续性发展是生态伦理的基本主旨。

1. 可持续发展强调人类既有追求自身生活的权利，又要与自然保持一种和谐关系。人类生存的基础——生态环境不断恶化的教训证明，人类决不能再凭借工具理性和技术手段无限度地消耗自然资源，实现所谓的自身权利，而应该尊重自然界应有的权利，和自然界形成一种平等和谐关系。自然生态系统是人类生存和繁衍的物质基础，一切实践活动都要依赖自然生态系统，而自然生态系统既是人和人类社会不断发展的支持者和助推者，又是人和人类社会实现发展的制约者和限制者。不断完善的生态学和人类学的成果证明，人类与自然界是一个共生共荣、互助互蕴的庞大系统，人类的发展与自然界的发展都在这个体统中进行，整体性、系统性、综合性是发展的基本属性，是各种要素发展亦即自然环境发展与人类社会发展、经济社会可持续发展与生态环境可持续发展的有机统一。

可持续发展理念的确立，使人类发展方式和传统伦理观发生了根本性的转型和重塑：一是发展方式的转型，由工业文明的生产方式转变为绿色发展方式和可持续发展方式，即要彻底消解无节制掠夺自然资源、大量消费能源和牺牲环境的生产方式和生活方式，纠正超越自然界承载能力、以牺牲环境而获得的暂时快乐的生活方式，实现人与自然的永续发展；二是传统伦理观的转型，即偏重以人为中心的伦理让位于生态伦理。关注自然价值和自然权利，亟待重新定位前工业文明中形成的伦理观。要超越前工业文明，走出生态困境，现代人类应将道德关怀之“善”拓展及人、社会、自然关系领域，将人类满足自身需要和全面发展的价值诉求，统筹纳入整体生态系统视域，将人与社会、人与自然之生境归置于生态系统之中，在协调统一中，实现全面可持续发展。因之，可持续发展是绿色发展、生态发展、协调发展、综合发展、系统发展的重要价值引领，是人类节俭美德和代际关怀美德在发展方式上的表现。

2. 可持续发展强调当代人既有追求美好生活的权利，又要建构代与代之间和谐的关系。代与代之间占有资源的公平性是可持续发展价值追求的一个重要内容，这是实现当代与未来之人类和谐关系、人与自然和谐关系的前提。可持续发展价值观要求当代人的创造发明、消费水平、物质需求，应兼顾并努力做到与后代人的机会平等，当代人不能片面过度地追求一己的发展与消费水平，不能自私地剥夺后代人应享有的同等的生活、消费和发展权利。人的发展应以整个人类发展为基本内涵和基本维度，既要包括当代人的发展和当代社会的发展，还要包括未来人类发展和未来社会发展。因此，从当代、未来和更未来的可持续性审视人类发展、人类社会发展和生态系统平衡，实现发展的主体和需要从单一到多样、从个案到全体、从片面到全面、从一元到多元、从单极到多极、从人类到整个自然界系统，才是生态伦理和生态文明的微言大义。同理，在人的存在与自然的存在的多维关系中，作为发展主体的人应包括当代人、后代人和后后代人，当代人的发展和利益满足与后代人的发展和利益满足，具有同等价值。因之，实现人类和自然界的可持续发展，代与代之间的生态环境保护具有共同的利益和共同的权利，当代人应有为后代人尽职尽责的道德义务和道德责任，当代人和后代人都要在满足自身发展与需要的同时，主动保持生态平衡和环境优化，保持自然资源和能源的相对稳定，实现持续满足后代人需要的目的。

基于生态伦理的要求，人类对自然资源和生态资源的开发利用，必须诉诸永续发展的需要，遵循可持续发展的价值导向，彻底摈弃“吃子孙饭，断子孙路”的思维，主动放弃“竭泽而渔”“过度开发”“超前消费”的资源利用模式。可持续发展平等正义的价值原则，是代内和代际的有机统一、是空间性和时间性的有机统一、是当下与未来的有机统一。代内平等正义主要从空间价值赋予当代人之间的横向公平，代际平等正义主要从时间上赋予世代之间的纵向公平，代内公平的最终目的是代际公平。因之，生态伦理的可持续价值取向，扬弃了传统伦理单一向度的共时性缺点，赋予了传统的发展模式以“历时性”的优点，它要求当代人要承担起后代人的责任和义务，把人类的当下利益满足与长远利益满足相结合、局部利益需要和整体利益需要相结合，将当代人独有的实践活动和价值目标融入人类整体实践活动和价值目标的体系中，在当代人需要和发展与未来人需要和发展、当代社会发展与未来社会发展中达成协调和平衡，努力满足当代人和未来人全面和谐发展的需求。

第二章 生态文明的沿革历程与特征

生态文明是人类文明演进发展的一个崭新历史阶段，是继原始文明、农业文明和工业文明后的一个新文明形态，是人类正确处理人与自然关系以及人与人、人与社会关系取得的物质与精神成果的总和。广义意义上的生态文明是人与自然共生共荣、和谐发展和持续繁荣为基本宗旨的社会形态。狭义意义上的生态文明，是指与物质文明、政治文明、精神文明、社会文明并列的文明形式和文明形态，是人类处理人与自然关系取得文明成果和达到的文明程度。

一 生态文明的沿革

（一）学术研究述略

英国学者坦斯勒于1935年首先提出了“生态系统”的概念，他认为应从宏观的角度认识自然生态环境。日本民族学和文化人类学学者梅棹忠夫是世界上最早用生态史观研究人类文明史的专家，曾多次在亚、欧、非洲从事民族学研究考察。他利用考察获得的丰厚资料，以生态学方法研究世界文明史的演变规律，于1957年发表了《文明的生态史观序说》一文，在1967年出版的《文明的生态史观：梅棹忠夫文集》中提出了生态史观，呼吁重视自然环境、生态条件对文明史进程的重要作用。苏联环境学家首先提出了“生态文明”概念（《莫斯科大学学报·科学共产主义》1984年第2期《在成熟社会主义条件下培养个人生态文明的途径》一文），但他们仅仅将“生态文明”理解为人类生存的生态状况。

1987年6月，中国生态农业的奠基人、中国生态文明的首创者、西南农业大学的缔造者之一，我国著名的农业经济学家、生态经济学家、教育家叶谦吉针对我国生态环境趋于恶化的态势，在全国生态农业研讨会上，呼吁要“大力提倡生态文明建设”。他是我国学术界最早提出“生态文明”这一划时代概念的人，并最早将生态文明理念践行于我国生态农业实验区，认为生态文明可以使人类既获利于自然，又还利于自然，在改造自然的同时又保护自然，人与自然之间保持和谐统一的关系。刘思华则提出现代文明是物质文明、精神文明、生态文明的内在统一。

1988 年，国内学者刘宗超、刘粤生发表了《地球表层系统的信息增殖》一文，第一次从天文地质对地球表层影响的角度提出要确立“全球生态意识和全球生态文明观”。

1989 年，刘宗超、刘粤生撰写的《地球表层的信息增殖范型——全球生态文明观》、1994 年申曙光的《生态文明及其理论与现实基础》、1994 年黄顺基、刘宗超发表的《生态文明观与中国的可持续发展》、1995 年刘宗超出版的《现代科学技术导论》，将生态文明的研究推向一个新高度。

1992 年，余谋昌发表的《生态伦理学的基本原则》一文，进一步拓展了生态文明的研究视野。

1995 年，刘宗超的博士论文《生态文明观与中国的可持续发展》对生态文明观的理论框架和实践模式进行了全面论述。

1996 年，全国哲学社会科学规划办公室将“生态文明与生态伦理的信息增殖基础”正式列为国家哲学社会科学“九五”规划重点项目，首开世界系统研究生态文明理论的先河。

1997 年 5 月，中国科学技术出版社出版了刘宗超主持的研究成果、《生态文明丛书》第一册《生态文明观与中国可持续发展走向》一书，首次提出“21 世纪是生态文明时代，生态文明是继农业文明、工业文明之后的一种先进的社会文明形态”。至此，中国学者基本完成了生态文明观作为哲学、世界观、方法论的建构。

1999 年，湖南教育出版社出版的刘湘溶的《生态文明论》、广东高等教育出版社出版的蓝红主编的《生态文明论》、《当代生态农业》2000 年第 1 期发表的王如松的《论生态革命走向生态文明》、2000 年经济科学出版社出版的刘宗超等人的《生态文明观与全球资源共享》等研究成果，对生态文明理论的发展完善有很大的促进作用。

2003 年 6 月的《中共中央国务院关于加快林业发展的决定》提出要建设“生态文明社会”，我国对生态文明的认知进入了一个新的阶段。

2009 年，余谋昌发表的《从生态伦理到生态文明》一文认为，生态伦理是生态文明的一个组成部分，生态伦理可从理论和实践两个维度促进生态文明建设，树立生态文明观念。

2010 年 9 月，厦门大学出版社出版的刘宗超的《生态文明观：理念与转折》一书，总结了生态文明北京俱乐部在生态文明理论研究方面的成果，初步构建了生态文明理论体系的框架，该书的出版标志着生态文明研究达到了一个新的高度。

1988 年以来，蔡守秋教授先后出版了《中国环境政策概论》《国土法的理论与实践》《环境外交概论》《环境行政执法和环境行政讼诉》《中国环境法制通论》《环境资源法论》《环境政策法律问题研究》《环境资源法学教程》等著作，参与多部环境法的起草、论证和修改工作。

1996 年以来，吕忠梅教授先后出版了《环境法教程》《环境法》《环境法新视野》《环境资源法学》，参与多部环境法起草、调研和论证。

近年来是生态文明研究专著和论文出版的高峰期，如陈金清的《生态文明理论与实践研究》、王舒的《生态文明建设概论》、向俊杰的《我国生态文明建设的协同治理体系研究》、蔡守秋的《生态文明建设的法律和制度》、郭兆晖的《生态文明体制改革初论》、李龙强的《生态文明建设的理论与实践创新研究》、曾刚的《我国生态文明建设的科学基础与路径选择》、王学俭等的《生态文明与公民意识》、任铃和张云飞的《改革开放 40 年的中国生态文明建设》、潘家华等的《中国生态文明建设年鉴》、黄承梁《新时代生态文明建设思想概论》、刘洪岩《生态法治新时代：从环境法到生态法》、邓海峰的《生态整体主义视域中的法治问题》、陶蕾的《论生态制度文明建设的路径》、邓永芳等的《环境法治与伦理的生态化转型》、陈晓红等的《生态文明制度建设研究》、杨志等的《中国特色社会主义生态文明制度研究》、靳利华的《生态文明视域下的制度路径研究》、沈满洪等的《生态文明制度建设研究》等，生态文明研究逐渐成为多学科研究的重点。

（二）党与国家的顶层设计

生态文明建设是我国“五位一体”总体布局的重要组成部分和“四个全面”战略布局的重要内容，是实现中华民族伟大复兴的重要内涵和新时代中国特色社会主义建设的重要内容。因为“我们要建设的现代化是人与自然和谐共生的现代化，既要创造更多物质财富和精神财富以满足人民日益增长的美好生活需要，也要提供更多优质生态产品以满足人民日益增长的优美生态环境需要”。[①]

党的十七大首次提出生态文明是全面建设小康社会的重要内容和奋斗目标。党的十七届四中全会将生态文明建设与经济建设、政治建设、文化建设、社会建设并列提高为同样的战略高度，生态文明建设在中国特色社会主义全局中的地位更加突出。党的十七届五中全会强调，要提高生态文明水平，增强可持续发展能力。因之，建设生态文明是全面深化改革和全面建成小康社会的题中应有之义。

党的十八大报告提出：“建设生态文明，是关系人民福祉、关乎民族未来的长远大计。面对资源约束趋紧、环境污染严重、生态系统退化的严峻形势，必须树立尊重自然、顺应自然、保护自然的生态文明理念，把生态文明建设放在突出地位，融入经济建设、政治建设、文化建设、社会建设各方面和全过程，努力建设美丽中国，实现中华民族永续发展”。[②] 我们党关于生态文明建设的理论和制度不断丰富和完善，生态文明建设成为“五位一体”总体布局的重要组成部分，坚持人与自然和谐共生的理念和制度设计成为发展方略中的一个基本方略。

党的十八届三中全会提出了加快生态文明制度建设新部署，生态文明体制改革和制度建设作用彰显，“建设生态文明，必须建立系统完整的生态文明制度体系，实行最严格的源头保护制度、损害赔偿制度、责任追究制度，完善环境治理和生态修复制度，用制度保护生态环境”。[③] 党的十

---

① 习近平：《决胜全面建成小康社会　夺取新时代中国特色社会主义伟大胜利》，人民出版社 2017 年版，第 50 页。

② 胡锦涛：《坚定不移沿着中国特色社会主义道路前进 为全面建设小康社会而奋斗》，人民出版社 2012 年版，第 39 页。

③ 《中共中央关于全面深化改革若干重大问题的决定》，人民出版社 2013 年版，第 52 页。

八届四中全会从全面推进依法治国的高度，明确了生态文明建设的相关法治建设的任务，从立法、执法、司法、守法和队伍建设的维度，形成了生态文明法治化建设的新思路。如，保护生态环境必须用严法，要有效约束各类开发行为，建立绿色、循环、低碳发展的生态文明制度体系，加强政府、企业和社会环境保护的法律责任，提高违反环境法律法规的经济和政治成本。要健全完备的自然资源产权、国土空间开发保护等方面的法律制度体系，加快生态补偿的立法步伐，依法保护土壤、水、大气和海洋生态，实现生态文明建设制度化和法治化。

党的十八届五中全会提出，要统筹推进经济建设、政治建设、文化建设、社会建设、生态文明建设和党的建设，如期全面建成小康社会，为实现中华民族伟大复兴的中国梦奠定更加坚实的基础，赋予了生态文明建设新内涵，提出了绿色发展的新思路。

党的十九大报告提出要改革生态文明体制基本要求，描绘了建设美丽中国的宏伟蓝图。“人与自然是生命共同体，人类必须尊重自然、顺应自然、保护自然。人类只有遵循自然规律才能有效地防止在开发利用自然上走弯路，人类对大自然的伤害最终会伤及人类自身，这是无法抗拒的规律。”① 因此，要加强生态治理，推进绿色发展，解决掣肘高质量发展的资源短缺、生态恶化和环境破坏等问题，从各层面加强生态环境的保护力度，深化生态环境监管体制改革，以习近平新时代中国特色社会主义思想指导生态环境保护和生态环境治理，形成人与自然以及人与人、人与社会和谐发展、互动共蕴的现代生态治理新格局。

总之，生态文明既是人类文明发展整体转型的需要，又是建设中国特色社会主义和实现中华民族伟大复兴的战略需要。生态文明能为实现两个百年目标提供更全面、更彻底、更深入、更有力的理念、思路、方法，在我国经济快速增长导致自然资源和能源依赖过大的严峻态势下，生态文明建设对实现我国经济社会可持续发展，实现文明发展整体转型至关重要。“通常在每一个文明形态后期都因为出现人与自然的尖锐矛盾而迫使人类选择新的生产方式和生存方式，而每一次新的选择都能在一定时期内有效

---

① 习近平：《决胜全面建成小康社会 夺取新时代中国特色社会主义伟大胜利》，人民出版社 2017 年版，第 50 页。

缓解人与自然的紧张对立，使人类得到持续的生存繁衍。生态文明是人类文明史螺旋上升发展过程中的一个阶段，是对工业文明生产方式的否定之否定，是对以往农业文明、现存的工业文明的优秀成果的继承和保存”，[①] 更是对工业文明和工具理性的扬弃与超越。“生态文明并不排除人类活动的工具理性和技术理性，但生态文明致力于对自然生态的人文关怀，创造生态恢复及补偿性的文明成果”。[②] 实现两个百年目标迫切需要加强生态文明建设，环境问题和生态问题是实现两个百年目标的逻辑起点，保护生态环境，促进自然环境与经济发展、社会进步协调统一，是建设美丽中国，实现中华民族永续发展的基本内涵和重要目标。

二　生态文明的特征

学者们从不同视角对生态文明的认知和解读不尽相同，不同学科对生态文明界定也各具特色。全面正确界定生态文明的内涵，深刻理解生态文明蕴含的精神内核、思想特征，是理清生态道德建设、生态法治建设和生态文明建设关系的前提。

（一）国内学者对生态文明的探究与认知

第一种观点认为，生态文明是人类遵循人、自然、社会发展这一客观规律而取得的物质和精神成果的总和，是以人与自然、人与人、人与社会和谐共生、良性循环、全面发展、持续繁荣为基本宗旨的文化伦理形态。具有代表性的两种相似的界定方式，一是有的学者认为，生态文明是指人类遵循自然生态规律和社会经济发展规律，为实现人与自然和谐相处及以环境为中介的人与人和谐相处，而取得的物质和精神成果总和，是指以人与自然及人与人和谐共生、良性循环、协调发展、持续繁荣为基本宗旨的伦理形态；[③] 二是有的学者认为，生态文明是人类为保护和建设美好环境而取得的物质成果、精神成果和制度成果的总和，是一种人与自然、人与

① 陈金清主编：《生态文明理论与实践研究》，人民出版社2016年8月版，第35页。

② 同上。

③ 蔡世秋：《生态文明建设的法律与制度》，中国法制出版社2017年版，第1—2页。

人、人与社会和谐相处的社会形态，是贯穿于经济建设、政治建设、文化建设、社会建设各方面和全过程的系统工程。①

第二种观点认为，生态文明是人类在改造自然和造福自身过程中，为实现人与自然和谐发展而进行的实践活动和获得的所有成果，是人类与自然关系进步状态的表征。生态文明包括人类保护自然环境和生态安全意识、法律、制度、政策以及维护生态平衡和可持续发展的科学技术、组织机构和实际行动。

第三种观点认为，生态文明是对工业文明和工具理性的深刻反思，是人类探索经济社会可持续发展理论、可持续发展路径及其实践活动取得的所有成果。生态文明是对传统文明形式和传统技术理性的反思，是在传统工业文明的深刻革命的基础上，探索和发展人类文明的新阶段和新形态，是人类文明发展质的提升和飞跃，是人与自然、发展与环境、经济与社会、人与人之间关系协调、发展平衡、步入良性循环的理论与实践。如，一部分研究者认为，生态文明是在扬弃工业文明基础上的“后工业文明”，是人类文明演进中的一种崭新的文明形态。②

第四种观点认为，生态文明是超越工业文明的、以解决人类与自然之间危机为使命的、关乎人类未来和发展命运的崭新的人类与自然之间的关系模式，是对人与自然之间关系的理论反思和实践调整，是人类文明发展史的崭新阶段，是人类文明未来的发展方向。因此，生态文明是以人与自然环境和谐为基本特征的新的文明阶段，也内含着一系列的制度设计和安排。

学者们基于人与自然关系维度、文明演进维度、社会发展维度、文明内涵扩充维度和生产方式创新维度，根据自己的学科背景和研究视域对生态文明内涵的界定凸显了一定的合理性和科学性，关于生态文明特征的学理性研究和思考对深化生态文明的研究大有裨益。

（二）生态文明的特征

生态文明是人类发现和发展的新文明形式，生态文明建设之目的旨在

---

① 周生贤：《推进生态文明，建设美丽中国——在中国环境与发展国际合作委员会2012年年会上的讲话》，《中国环境报》2012年12月14日，第1版。

② 陈金清主编：《生态文明理论与实践研究》，人民出版社2016年版，第35页。

实现人与人、人与社会、人与自然、自然与自然之间真正的和谐和统一。基于文明发展的系统反思和生态文明的整体把握，吸收不同学术视域之下学者们独有的学术成果，以生态文明自有的反思性与实践性为主导脉络，我们将会发现，从引领理念、发展模式、发展思想、人类关系以及多样性和整体性价值的维度，认知与把握生态文明的特征，有助于从理论与实践、学理与现实、理念与制度等层面勘定生态文明嬗变的内在机理和现实表征。

1. 在引领理念上，生态文明要求人类必须用公正平等的态度对生态环境进行道德关怀，肯定生态环境的尊严和价值。生态文明时代是奉行生态文明观的时代，是人类社会与自然生态和谐相处的时代。人与自然的和谐相处和和谐发展，是生态文明时代的基本特征。人与自然万物是地球的共同成员，人类是自然生命系统中的一个重要组成部分，人与自然既相互独立又相互依存。作为复杂生态环境的组成部分，人与自然的和谐相处是实现人与人和谐相处和人类社会和谐运行的前提和内涵。作为地球的成员，人类与自然界在权利上具有平等性，因此，人类的道德关怀和文化关怀的对象和视域必然包含着自然界。人类应在尊重自然规律的前提下，开发、利用、保护生态环境和自然能源，给自然界以人类式的道德关怀。生态伦理和生态文化应成为人类文化的重要组成部分，应成为公众基本的理念、意识、智慧。生态文明的价值观应实现由征服、改造、掠夺向人与自然和谐共生、融为一体的转变，经济增长方式由单纯的经济指标增长，实现利润最大化，向生态文明之全面性、包容性和可持续性转变，实现人类与自然共生共荣、互化互育、彼此扶持。

2. 在发展模式上，生态文明要求创新经济发展方式、社会发展模式，改变传统的人类生活方式、消费模式。实现经济社会发展与生态环境保护之间良性互动是生态文明的应有之义。生态文明要求经济发展方式生态化，改变高投入、高消耗、高污染的生产方式，以生态理念为指导，以生态技术为支撑，实现社会物质生产系统的良性循环，使绿色产业和环境友好型产业在产业结构中占主导地位，成为经济增长的核心动力。“生态文明吸收了当代生态环保运动、可持续发展运动的先进理念、思想、成果和优点，是生态运动和可持续发展战略的道德伦理基础，是建设和谐社会、环境友好社会和资源节约型社会的先进文明形态。生态文明代表着人类文明的发展方向，生态文明建设的提出既是文明形态的进步，又是社会制度的完善；既是价值观念的提升，又是生产生活方式的转变；既是中国环境保护新道路的目标指向，又是人类文明进程的有益尝试。”①

生态文明是“在人类反思工业文明、探索实现可持续发展的过程中逐渐萌生的，是与20世纪60年代以来全球环境运动、可持续发展理念形成密不可分的。生态文明是可持续发展实践的必然结果。可持续发展伴随着全球化、现代化过程，伴随着东西方的贫富差异和文化冲突，开启了文明转型的闸门，生态文明就是人类社会文明形态演替的结果”。②可持续发展理论是对当代人类文明，特别是工业文明的不可持续发展状态、后果、影响的理性反思，其目的和主旨是通过人与人、人与社会、人与自然的内在和谐，推进人类文明走向高级阶段。可持续发展思想聚焦经济社会发展与环境关系问题，以经济发展、社会进步、环境保护的协调推进与发展为旨归，而生态文明是基于人类文明转型的维度提出来的，可持续发展理论和实践成果是生态文明的重要基础资源，人与人、人与社会，特别是人与自然的内在和谐统一是生态文明建设所追求的重要价值目标。

3. 在发展思想上，生态文明将可持续发展、低碳发展、循环发展、绿色发展，作为人类经济社会发展的主要形式，要求经济发展应在生态环境、自然资源和自然能源许可的界限内。“绿色发展理念是马克思主义生态文明理论同我国经济社会发展实际相结合的创新理念，是深刻体现新阶段我国经济社会发展规律的重大理念”。③粗放型发展理念和发展方式，令我国的自然资源、能源和生态环境不堪重负，也是大气雾霾、水体污染、土壤重金属超标等突出环境问题的根本成因。实现全面建成小康社会和实现中华民族复兴的目标，最大制约瓶颈是自然资源短缺和生态环境破坏，最大“心头之患”是生态失衡、环境破坏和资源

① 蔡世秋：《生态文明建设的法律制度和制度》，中国法制出版社2017年版，第10页。

② 王舒：《生态文明建设概论》，清华大学出版社2014年版，第14页。

③ 任理轩：《坚持绿色发展——“五大发展理念”解读之三》，《人民日报》2015年12月22日。

短缺。“推进绿色发展、绿色富国，将促进发展模式从低成本要素投入、高生态环境代价的粗放模式向创新发展和绿色发展双轮驱动模式转变，能源资源利用从低效率、高排放向高效、绿色、安全转型，节能环保产业将实现快速发展，循环经济将进一步推进，产业集群绿色升级进程将进一步加快，绿色、智慧技术将加速扩散和应用，从而推动绿色制造业和绿色服务业兴起，实现既要金山银山，又要绿水青山”的目标。[①] 绿色价值理念以人与自然和谐为价值取向，以绿色、循环、可持续为主要原则，以保护生态环境为基本方向。实现绿色富国、绿色惠民、绿色富民，建设美丽中国，走绿色、循环发展之路，是突破资源环境瓶颈制约、消除生态环境危机这一“心头之患”的必然要求，是调结构、转方式、深化供给侧结构性改革，实现绿色发展、循环发展和可持续发展的必然选择。绿色发展理念要求我们必须树立绿色价值取向、绿色思维方式、绿色生活方式。因此，我们既要尊重保护生态环境，又要实现经济社会报酬和机会分配的公平正义，人类整体与自然界整体共生共荣，一体化演进，既要满足当代人需要，又要满足后代人需要，实现生态、环境和能源的代际公平和正义。绿色发展理念要求我们必须转变传统生活方式和消费方式，摈弃足量生产、饱和消费、随意废弃的无益于环境的生活消费模式，塑造适合生态自我循环、环境可持续的绿色消费生活模式。

4. 在人与人、人与社会的关系上，生态文明强调构建全面和谐的人类关系。人类在改造客观外部世界的实践中，对自身行为及其后果产生负效应的认识和反思越来越深化和理性，并以此为基础不断调整和优化人与人、人与社会之间的关系。人的生产实践活动与外部自然界的关系、人与人、人与社会之间关系的优化、发展、进步的程度，是人类与社会正向发展与不断进步的重要标尺。自然—人—社会三维架构形成的复合系统，是生态文明的基础支撑架构。在这一复合系统中，人是有灵性的重要存在，与自然界中其他物种都是平等的存在和平等的关系，人与自然界及其他物种之间，不是主奴关系，而是平等的伙伴关系。人类的一切实践活动必须

① 任理轩：《坚持绿色发展——“五大发展理念”解读之三》，《人民日报》2015年12月22日。

遵守自然规律和尊重自然权利，以建构人与自然和谐共进的关系为导向，由人与自然和谐达成人与人、人与社会的和谐。因之，人与人、人与社会的和谐要以人与自然和谐为前提。人与自然关系的紧张会导致人与社会关系的紧张，人与社会关系的异化也会导致人与自然关系的异化。反之，人与自然的和谐也有助于实现人与社会关系的和谐，人与社会关系的和谐是人与自然和谐的重要内容。“生态文明既强调对自然权利的维护，致力于恢复包括人类在内的生态系统的动态平衡，同时也反映了对人类及其后代切身利益的责任心和义务感，力图用整体、协调的原则和机制来重新调节社会的生产关系、生活方式、生态观念和生态秩序，因而其运行的是一条从对立型、服务型、污染型、破坏型向和睦型、协调型、恢复型、建设型演变的生态轨迹。从维系人与自然的共生能力出发，从人际和代际之间的公平性、共生性原则出发，从文明的延续、转型和价值重铸的角度认识，生态文明必将超越和替代工业文明。”[①] 构建生态文明的制度体系，形成新型人与人、人与社会、人与自然的关系，将生态文明理念和思维植根于经济社会发展和制度规章的不同层面，实现代际、群体之间的环境公平正义和人与自然、人与社会的整体和谐，是生态文明的应有之义。

5. 在多样性和整体性价值上，生态文明要求实现多样性和整体性的有机统一。一方面生态文明的价值理念要求尊重多样性，包容认可不同阶段、不同时期、不同地域、不同国家和不同民族的发展。因历史条件、发展任务和文化底蕴不同，生态文明建设及其制度安排要尊重鲜明的地域性和制度性特征；另一方面生态文明是全人类共同的价值追求和人类与自然发展共同的目标追求，要强调和突出人类的整体性和人类与自然的整体性。生态文明是在科学技术革命和物质文明、精神文明、政治文明不断进步的背景下逐渐凸显的，是人类文明发展的崭新阶段，生态价值论、生态整体论、生态伦理、绿色文化观、可持续发展观为其主要哲学基础。生态整体观，是人类解决生态环境恶化、自然资源短缺和片面执着工具理性的重要生态哲学智慧，是人类跨越工业文明而走向生态文明的关键，它能从根本上影响人类的指导思想和实践行为，变革社会、经济、政治、文化及其生活、生产、消费方式，构建促进人、社

① 王舒：《生态文明建设概论》，清华大学出版社 2014 年版，第 18 页。

会、环境协调一致的生存发展格局。生态价值观要求我们必须彻底摈弃以往把外部自然界及其非人类的生命体视为人类的“工具”“资源”“改造对象”的指导思想，充分承认和认同所有的自然物、生物物种和人类一样都具有独特的、内在的、固有价值，都有不同于其他存在的“目的性”；承认和强调其他自然物、其他生命物种的平等价值和有意义的存在，尊重一切生命，以朋友之心善待其他生命存在，维护生态平衡和健康运行。生态伦理的形成是人类伦理思想体系的转型和动能的转换，它拓展了传统伦理学的研究视域，道德已不仅是调节人与人之间的规范体系，也是调节人与自然关系的规范体系。从注重物质利益转变为注重物质、精神、生态、政治等综合利益，从注重人或人类的利益转变为注重整个物种链条的利益，从注重当代人的利益转变为注重子孙后代利益，从注重一国利益转变为注重全球利益，从注重人类利益转变为注重整个生态系统的利益，是生态文明多样性和整体性的内在价值诉求。

6. 在制度建构上，生态文明要求构建顶层设计和具体实施路径有机统一的生态文明制度体系。从顶层制度设计而言，生态文明已写入我国宪法，生态文明建设的决定和总体方案已经出台，国土空间的开发保护、最严格的耕地保护、水资源管理、环境保护、资源有偿使用、生态补偿、责任追究、损害赔偿等制度逐渐建立健全，生态文明理念观照下的法律、法规和具体制度的修改步伐加快，具体实施的制度安排，如相关决策、评价、管理、考核等逐步完善。生态效益、环境损害、资源消耗必须纳入经济社会发展评价制度体系中，增加生态效益、环境保护、生态增值对政府、机关、企业、家庭、学校、社区的考核权重，突出伦理、法律、行政、管理等在生态文明制度体系建构中的作用，将柔性制度和刚性制度融为一体。

综上所述，基于学理的思考和认知，对生态文明内涵的理解和把握需要从理念、模式、思想、关系、价值等维度介入，不仅要将道德关怀诉诸生态环境、承认生态环境的尊严和价值、实现生产方式绿色化重塑，而且要建构自然—人—社会三维架构形成的复合系统，实现人与生态多样性和整体性的复合价值。

第三章　生态伦理与生态文明

生态伦理以人与自然关系为界域，以人与自然的道德关系为研究对象。生态伦理的本质特征是人与自然的和谐相处。相互作用、相互依存、共生共荣是人与自然关系的哲学表达，人与人、人与社会和谐发展是人类系统和自然系统和谐共存的基础。作为一种伦理道德观，生态伦理是生态文明实践活动的规范指导，是生态文明行为的价值理念引领。追求人与自然关系及其价值的平等公正，实现人与人、人与自然和谐相处和整体共同发展。是生态伦理的价值取向。因之，就本质而言，生态伦理与生态文明内涵和目标价值具有一致性和相容性，即实现人与自然、人与社会、人与人的协调发展、永续发展、可持续发展。保护生态环境，解决生态失衡问题，是二者共同的追求。

一　生态伦理的哲学基础和原则

将人类自身的道德关怀从人类社会扩充延伸至外部自然界，建构人与自然的新型道德关系，是生态伦理亦即环境伦理的主旨。基于实现我国生态治理体系和治理能力现代化的要求，生态伦理必须与可持续发展思想、科学发展观、绿色发展理念、永续发展战略及其实践融为一体，将保护生态环境、资源合理利用、经济社会可持续发展视为一个系统整体，吸收中西传统生态伦理思想，挖掘传统伦理资源，实现由“人是自然主人”之传统生态伦理观到“人是自然的平等朋友”之现代伦理观的转变，构建人与自然的和谐相融关系，正确处理人与自然的矛盾，实现人与自然和谐共荣发展。

（一）生态伦理的哲学基础

任何哲学思想和伦理思想之反思和实践的视域，基本包括两个向度，即人与自然的关系向度和人与他人、社会的关系向度。在现实层面中，两个向度交织而存、相互联系、相互作用，其中人与自然的关系问题更具有基础意义。

1. 人与自然是统一的整体。无论是“人类中心主义”抑或“非人类中心主义”都承认我们赖以生存的外部自然界是人类社会存在发展的前提和基础。这是因为人本身就是自然界的存在物，是自然长期演化的重要产物。在人类和自然界漫长的演化进程中，先后出现了两个重大阶段：自然系统处于主导地位和人类系统处于主导地位的阶段。在人类系统与自然系统相互依存、共同发展的长期过程中，二者形成了辩证统一、互为前提的关系。共生共荣、互为前提的关系是人和自然最根本性的关系，亦是生态伦理问题的哲学基础。

2. 人与自然是交互的整体。在社会实践的变革中，人与自然的关系具有交互性和依存性特征，二者相互依存、相互制约、互为主体。人作为自然的产物，不能离开自然而独立存在。自然界也不是抽象的存在物，自然界是人类的载体、是人类实践活动的场所。随着社会实践活动的拓展和深入，自然界的人化和人的自然化成为人与自然关系中最重要的关系。

3. 人与自然是生命共同体。自然界是人类和非人类存在和发展的依托和基础，保护生态环境，实现经济社会的永续发展、可持续发展，是人与自然相互作用、共同发展的核心价值。正确处理人与自然关系，是提升自然界发展质量和人的生活质量的前提。生态恶化、环境破坏、自然资源浪费，是人与自然关系恶化的表征。因此，形成人与自然共生共荣的治理体系，建构人与自然一体发展的生命共同体，是生态伦理所追求的道德价值目标。

4. 人与自然是相互依托的整体。从人类社会的长远利益和长期目标来看，科学认识自然规律、正确使用自然资源、有效开发利用自然资源、真诚保护自然系统是人类基于自身需要的主动选择。用人与自然是一个整体思想指导认识自然、探索自然及认识自然规律，才能指导生态文明实践、合理开发自然、科学利用自然。改造自然和利用自然难免会破坏自然。更好保护自然是有效利用自然的前提，人类对自然的改造和利用，必须在自然能承受的范围和能恢复的阀限内。科学完整地认识自然及其发展规律是生态文明建设的前提，适度简约地使用自然资源是生态文明建设的基本要求，正确开发利用自然资源是生态文明建设的价值导向，有效地保护自然体系是生态文明建设的基本依托。

总之，人与自然是一个生命共同体是建构生态伦理的哲学基础。生态伦理追求的是人与自然和谐相处，这亦是实现经济发展、生活富裕、生态良好目标的基本诉求，是人类文明进入生态文明发展阶段的重要目标。

（二）生态伦理的原则

生态伦理是调整人与自然之间关系和规范人类生态行为的新型伦理观。这种现代新型生态伦理观是人与自然和谐相处的前提和基础性问题。生态伦理的原则和生态文明的原则有相通之处，但作为一种新型伦理，其旨在将人类的道德关怀诉诸自然界，建构人与自然的新型伦理关系，因之，人与自然和谐相处是生态伦理最基本的道德诉求。

1. 和谐发展原则。这是正确处理人与自然关系的首位伦理原则。和谐发展原则不单是解决以人为中心或以自然为中心的问题，而是强调人与自然的关系是和谐发展的关系。人是自然界的产物，人类的生存和发展与自然环境密不可分，人与自然在互动中，不断适应自然界及其气候、季节的氤氲变化，从自然界获得生产、生活所需要的资源、能源。而自然在与人类和谐发展中，悄然改变一些自身固有的规律。在工业理性支配的社会阶段，人类自视为自然的主人，自封为自然的中心，自居为自然资源、能源和环境的享有者和支配者。这种自然单向地为人类服务和“以人类为中心”的哲学观和价值观，是对人类与自然之间相互依存的否定和反对。人类向自然界索取越多，改造利用效率越快，满足物质欲望越强烈，自然环境及其资源和能源体系的失衡越严重，人类生活质量和经济增长速度也会随之下降。

因之，以生态伦理观为指导，我们能清晰地认识到人与自然之间是和谐共生的关系，二者相互依赖、相互作用、共同发展。任何关于人和自然主观单向度的思想和行为，都会割裂人与自然的本有关系、应有关系和实有关系，消解人与自然的有机联系，最终不仅会伤及自然，更会伤及人类自己。因此，要正确处理人与自然的关系，人与自然的和谐发展原则应是生态伦理首要的原则。

2. 平等公正原则。从人类视角看，平等公正原则有两个维度：一是横向的平等公正原则。在整个宇宙系统中，人类作为一个子系统，与外部自然界进行物质、能量和信息交换，人与人、族与族、国与国之间应平等、公平地享有自然界的固有资源和能源，自然的馈赠不会因人与人、族与族、国与国的不同而不同；二是纵向的平等公正原则。在人与自然的关系视域中，从历史发展向度视之，要实现人类与自然和谐相处的目标，必须构建人与自然关系可持续发展的长效机制，当代人与后代人平等地享有自然界所赐予的各种资源，但决不能竭泽而渔、过度开发、超前利用，更不能吃子孙饭、断子孙路，忽略后代人的生存发展，换言之，平等公正的道德关怀不仅要诉诸当代人，还要诉诸后代人。当下有些国家和民族过度消费自然资源、消耗不可再生自然资源、由后代承担自然环境修复责任的做法，是有悖于平等公正原则要求的行为。

从自然的视角看，生态环境本身亦有自己内在的平等公平法则，自然界的每个物种都有自己的运行秩序和生存法则，这种秩序和法则既包括物种之间相互依存、互为前提的规律，也包括每个物种平等发展和遗传的规律。人和自然的平等原则包括两个维度，一是人与自然界平等公正相处；二是人与其他物种平等公正相处。简言之，人对自然界、其他物种及其自然规律的尊重、顺从和保护，是平等公正原则的核心。

平等公正原则是生态伦理调节规范人与自然道德关系的重要原则，它是走出“以人类为中心”伦理思想困扰，实现人与自然平等公正相处、人与自然界物种平等公平发展的基本要求。平等公平原则并非以牺牲人类的生活、生产、发展为代价，而是为了更合理、更科学地处理人与自然的相互关系，实现人与自然平等公正发展的价值目标。

3. 可持续发展原则。这是生态伦理的一个重要原则，它要求人类在处理人与自然关系时，要更加注重调整规范人类发展方式、生产方式和生活方式，通过道德规制，实现调节规范人与自然之间关系的主旨，建构一个有益于人类持续发展的自然环境和生态体系界域。可持续发展原则既注重人与自然之间的和谐一致，又强调人与人、人与社会的和谐相融，还强调经济社会发展与环境资源保护的协同推进；既要实现经济社会发展的目的，又要保护好人类赖以生存的自然资源和生态环境及气候、水和土壤，正确处理当代人和后代人之间的利益关系，使子孙后代能够永续发展和安居乐业。

人与自然的可持续发展，要求人类必须尊重自然规律，按照自然规律办事，主动保护自然环境，避免过度消耗自然资源和破坏生态环境，保证人与自然之间和谐发展，实现自然环境的可持续发展和人类的可持续发展。

自然界是一个完整的能量守恒系统。在这个庞大的自然系统中，不单有人类的存在，也有自然万物的存在，还有丰富多样物种的存在。外部自然界的发展变化，既有相对稳定性的特征，又有变化性特征，还有多样性特征。稳定性保证了自然界的有序延续，变化性维持了自然界的新陈代谢，多样性保证了自然界的能量交换。

在人与人之间的关系中，最重要的是正确处理当代人与后代人之间的关系，吸收传统智慧和现代智慧，理性思考和正确处理自然资源的稀缺性、不可再开发性与后代人科学、可持续发展之间的关系，走出制约人与自然不能和谐相处的困境，实现人类与自然界的双重可持续发展。

可持续发展原则是当代生态伦理的一个重要原则，是人与自然相处和发展中必须恪守的生态伦理道德原则。生态伦理视域下人与自然的关系是人与自然双重可持续发展的关系。人类实现可持续发展的基础和前提，是自然优先实现可持续发展，而自然实现可持续发展，亦必须依靠人类可持续发展的道德智慧和道德关怀。双重可持续发展所表达的伦理理念和价值追求，正是生态伦理原则设置的道德关怀诉诸人类和自然的追求。人类对自我生存的伦理观照和道德关怀，在经过超越传统发展模式与扩充放大伦理内涵和外延进程中，实现浅层生态伦理向深层生态伦理的转变，即是一个人类自我的道德关怀—自然的道德关怀—人类整体的道德关怀的不断递升的过程。

（三）生态伦理的主旨

生态伦理的基本原则是人类正确处理人与自然及人与人、人与社会关系的基本道德原则。实现人与自然共生共荣、和谐发展的目标，必须厘定人与自然共生共荣、和谐发展的内容，一是人类对自然资源必须有正确的道德态度和理念，以此态度和理念指导自己保护自然、敬畏自然、尊重自然，感恩自然给予的资源和能源，实现人与自然和谐发展之目的；二是人与自然之间必须是平等的关系，这是正确处理人类生存发展与社会生存发展、人类生存发展与自然生存发展、社会生存发展与自然生存发展三个重要维度关系的前提；三是人类自身生存发展必须规制和管理自身的行为，人类行为既要尊重自然生存发展规律，又要通过人类“赞天地之化育”在实现自然生存发展中实现人类生存发展和不断演进的目的。

1. 保护自然生态的平衡与发展。大自然及万物有其独特发展进化规律，人类的理念和态度应是维护自然生态的良性发展，维护自然生态的平衡运行。自然万物遵循自然竞争法则是自然界的发展规律，自然界及万物在竞争发展中形成的规律就是自然权利。要处理好人与自然之间的关系，人类首先应该尊重自然权利。因之，人类维护生态的平衡和发展，首先既要尊重自己同类的权利，又要尊重其他物种的权利。

应该指出的是，人系统与其他物种系统皆为自然生态系统中不可或缺的重要子系统，是自然界大家庭中的平等成员，人非自然系统中心化的物种，人没有凌驾在其他物种之上的权利。人的物质、能量和信息获得都必须以自然界为依托，人类通过与自然界的物质、能量和信息交换实现自我发展。因此，在生态伦理视域和生态法治架构下，尊重自然权利，承认其他物种的自然权利，承认自然界物种天生的平等性，是人类维护自然发展和生态平衡的基本道德态度和法治理念。

2. 正确处理当下利益和未来利益、经济价值和生态价值的关系。在自然发展进化过程中，人的进化和人类社会产生，仅仅是自然系统中的很小部分和短暂阶段。在这个特殊短暂阶段，人与自然的关系是自然系统中最基础性的关系，人的进化和与人类社会的运行必须在自然界中完成，自然系统是人类社会系统的基础，自然界是人类生活、生产和进化的前提条件。人类与其他物种都是自然系统不断进化的产物，因此，处理好当下利益和未来利益、经济价值和生态价值的关系，是正确处理人与自然关系的核心问题。

当下，循环发展、可持续发展和永续发展的理念、制度、文化等层面要求的实质，依旧是正确处理人与自然的利益关系问题。实现传统工业文明向现代生态文明的飞跃，是人类正确处理人与自然关系，实现经济高质量发展和人类全面发展的内在要求。我们进行的供给侧结构性改革、新旧动能转换、乡村振兴战略、打造改革开放新高地，都是解放生产力、发展高新技术、提高生产效率、实现经济社会协调发展的必然要求，是人类追求美好生活的重要手段，而追求高质量的生活方式和发展方式，必须充分考虑环境的承受能力，协调好当下发展需求与未来利益的关系，这是实现人、社会、自然之间共生共荣、和谐发展的重要路径。

3. 人类行为选择必须“合德合法”。生态恶化、环境破坏、资源短缺的根源是人类的物质贪欲和非理性消费需求，要扭转非理性行为和追求，人类行为选择“合德合法”至关重要。人类的行为选择折射出人类的思想观念和价值判断，而人类的思想观念和价值判断直接左右着人类的行为选择。

人虽然与其他生物物种不同，是有独立思维、有目的、有意识的高级动物，但因实践活动的局限和人类思维能力的局限，在有些界域中人类行为的目的性和思维方向性并非完全合理，甚至有偏差性、盲目性、非理性和自我中心性的拘囿，这种局限性表现为行为选择目的的短期性、阶段性和盲目性，缺乏选择的长期性、整体性和未来性，有时人类的选择专注于可行性、便利性、可实现性，忽视行为选择的合理性、合德性、合法性和长期性，这是当下在人与自然关系选择上凸显非理性、功利性和非合理性的重要原因。

因之，在经济行为选择和环境保护关系中，生态伦理要求人类必须注重人类行为选择的合理性、合德性和合法性，这是正确处理人与自然关系、经济发展和环境保护关系的核心内容，其实质是正确处理人与自然之间的关系。人类行为的合理性与否，是人与自然之间能否协同发展、相互依托、相互促进的重要前提。

二 生态伦理的价值作用

生态文明建设需要生态伦理的规制和生态伦理文化的价值理念引领。传统伦理以自律为主、他律为辅，以人的内心信念为核心，以自觉自省为要旨。生态伦理是基于人与自然关系的总括性和特殊性而形成的新型伦理模式。生态环境保护与人类生存发展的关切性、增益性，生态保护的复杂性、紧迫性让偏重于自律自觉自省的传统伦理，要完成规制人与自然道德关系之责，是十分困难的。作为一种新型伦理，生态伦理既要凸显自律、自觉和自省，又要彰显他律、刚性和强制性，只有如此，才能履行保护生态平衡、构建人与自然和谐共荣关系之职。

（一）生态伦理是生态文明的核心内容

生态文明是内涵丰富、结构复杂、向度多维的协同性和综合性文明体系和实践体系，其中生态情感、意识、理念、心理等构成生态文明的深层结构，是生态文明之本质生命力的彰显，而生态行为文明、制度文明、物质文明、法治文明、德治文明、经济文明、监管文明等构成生态文明的表层结构，是生态文明可直接感知、体认、评价的表层性维度。在构成生态文明的深层结构体系中，生态伦理是生态文明的重要内涵，是关于生态文明道德观念的具体表达形式。因之，生态伦理是人类调节人与自然关系的一系列道德规范的总和，是人类在自然生态行为活动中形成的一系列道德原则和道德规范。换言之，生态伦理是人类将道德关怀的范围，从人与人、人与社会、人与自我心理拓展到其他非人类系统，诸如物种、自然环境等，用道德规范来调节人与自然的各种关系，规制人类各种行为。人类的自然生态行为是人与自然关系的反映。人与自然的关系蕴藏着人与人、人与社会的各种关系，是特定的道德理念与价值关系的标的形式。人类只是宇宙系统中的一个特殊子系统。人类要获得自身延续、发展的动能，必须与各种自然生态系统实现信息、物质、能量的增益和交换，自然生态系统是人类系统自身存在延续的信息、物质和能量载体。因此，诉诸自然生态系统的道德关怀，归根结底是人类自身存在延续的道德关怀，在某种意义上可以说，生态伦理是普遍性的一般伦理。

（二）生态伦理是生态文明建设的道德引领

当下气候变暖、生态恶化、环境污染、能源枯竭等严重的生态问题，是人类文明研究与发展必须面对的重要问题。显然，对这一问题的料理和解决，非一般性伦理所能为之。实现人类社会永续发展与有效保护自然资源，构建人与人、人与社会、人与自然和谐共荣的文明观，实现人与自然的双重可持续发展，已成人类亟待解决的全球性问题。

无论是农业文明还是工业文明，人类的生产实践活动指向和目的，主要是开发自然能源、征服改造自然，生产出更丰富的物质财富和消费产品，满足高水平物质享受和精神享受，这是人类无节制攫取更多资源，消耗更多能源，甚至破坏生态环境，满足人类暂时需要的重要原因。如，近代以来的传统工业文明创造出了丰富的物质财富和物质产品，将人类的消费水平推至极端，但也带来极其严重的后果，如，自然资源枯竭、能源过度消耗、土壤沙化、大气污染、水污染、物种消失、森林锐减、草场退化等严重的生态问题。

因之，保护生态系统的完整性、稳定性，诉诸自然以道德关怀，是人类的道德责任和道德义务，是建构生态伦理学的本质要求。由宏观层面观之，与人类未来的生存延续问题关联最为直接和紧密的是生态环境问题，及其诉诸道德关怀所产生的生态伦理问题。作为实然问题的生态环境问题和作为应然问题的生态伦理问题，在本质上是统一的。故此，解决生态环境问题，必须建构科学的生态伦理观和生态价值观，以科学的伦理精神贯通生态文明建设全过程，形成合理有序、和谐一致、永续绿色的生态文明的实践理性方式和求善合德的行为方式。只有如此，生态文明实践活动才能根植于先进的道德理念和深厚的道德文化土壤中。

基于正确的生态伦理观和价值观的理论引领，当代人类应该重新审视和评价人类文明的发展模式和实践图式，从人类社会的可持续性发展和代际公平正义的维度，对近代以来的“以人为中心的伦理”、现代的政治理念、法治架构和经济增长方式进行理性反思，创新发展方式和道德思维，建构科学的生态伦理观，用生态伦理对人与人、人与社会、人与自然中的实践活动和行为方式进行道德评价、道德判断和道德价值评估，对人的生态行为动机和效果，根据生态文明发展要求作出善恶评价，激励和褒奖生态道德行为，提升人类生态道德素质和生态道德水平。

生态伦理的道德价值目标，是在生态文明建设中实现经济、社会、文化、法治和生态一体化发展和可持续发展，实现人类社会和自然界协同永续演进。生态伦理道德价值目标的确立有助于构建高度统一的人类生态道德观和文明观，有助于人类摈弃传统的生产方式和生活方式，选择人类与自然界和谐一致、协调发展的生产方式和生活方式，这是生态文明在生态伦理的引领下，达成理想价值目标的标志。因此，科学的生态伦理能引领人类在生态文明建设中，以公平、正义和善恶、荣辱来评价人类与自然关系中的生产方式和生活方式以及相应的思想体系，以道德和善恶的评价方式和评价方法感召和驱动适应生态文明建设的标准和要求。科学的生态伦理思想和伦理理念是生态文明建设的必要前提和价值先导。

（三）生态伦理是生态文明实践活动的道德规制

生态伦理和生态文明建设是双向互动的过程。基于人类文明发展和经济社会可持续发展的要求，在生态文明建设和生态道德、生态价值的培育过程中，要明确人与自然的新型关系，确定人类对生态环境的权利、义务和责任，诉诸环境相同的公平、正义和权利，培育人类的生态情感、生态理念、生态理性和生态良知，提升人类的生态觉悟，完善人类的生态认知，形成健康的个人生态品格和生态道德情操，实现人类社会系统和生态系统、一般道德系统和生态道德系统双向互动发展的目的，其中生态伦理理性意识和向善意识至关重要。

生态学揭示的是自然界中各种自然物种相互依存的关系，以及人类与自然之间相互依存的关系，这种相互依存关系仅仅是事实关系或本然关系，尚未对人类应然行为提出要求，没有触及人类行为的“合理性”和“合善性”，而生态伦理学从人与自然的相互关系中，建构出人与自然新的道德关系，在传统一般伦理的基础上，形成新的生态伦理之善恶标准和道德评价标准，建构出一套新的道德概念、道德范畴、道德体系和道德原则、道德规范、道德义务、道德权利、道德取向，这种具有普遍性（全球性）、一般性的伦理模式，更具当代性和未来性的特点。

生态伦理从道德规范和道德评价层面调节、规范、评价人类与自然界之间的道德关系、道德权力、道德责任和道德义务，是要把人类的生产生活行为纳入人与自然协调一致、共生共荣的系统中，实现包括人在内的自然界的生态平衡。生态伦理对生态文明建设实践活动的调节，既吸收了法律规范调节的强制性和刚性，又具有软调节的柔性和非强制性。生态道德主要通过社会舆论、风俗习惯、教化引导、自我意识等进行调节，以培养人类的生态伦理责任和义务意识，培养生态行为，养成生态习惯，制定生态制度，建构生态规范，形成生态管理。尽管生态伦理的柔性和软性规范有其非强制性和弱减性的特征，但道德之广泛性、灵活性、经常性、恒久性和氛围性的特征，令生态伦理在生态文明建设中的调节和规范作用，更有长远性和可持续性。因此，培育人类的生态伦理意识对生态文明建设具有优先意义。

（四）生态伦理是生态文明的道德精神

生态伦理观是新文明形态——生态文明产生的前提。注重物质、个体、人类、科学、技术理性，而忽视精神、社会、自然、人文、非人类、价值理性，是传统工业文明和技术理性的偏好。传统工业文明和工具理性与生态文明要求相悖，正是传统工业文明自身的片面性所致。根据生态文明的时代要求，遵守平等性、整体性的伦理要求，重新审视人与自然以及人与人、人与社会之间的关系，转变人类思维方式和生产发展方式，形成人与自然整体发展、共生共荣的价值导向和人与自然的互动互蕴的新文明形态，才能克服传统工业文明的弊端，走出人与自然极端对立的泥潭。生态伦理是一种崭新的意识形态，是人类对自身与自然关系的道德反思，和其他意识形态一样，对人类的生态文明实践具有强大的反作用。一是生态伦理之道德观、道德原则、道德理想、道德理论是对人与人、人与社会、人与自然复杂的利益关系、发展关系、作用关系的反映，有助于形成人、社会、自然协调一致的伦理精神，建构科学的生态文明观，从精神维度认知生态文明建设的必要性和重要性；二是生态伦理是对“以人为中心”的传统伦理的超越，是对人类沙文主义的批判，是对纯工具理性的摈弃，是对工业文明的扬弃。生态伦理从实践理性和价值理性高度结合的层面，帮助人类反思自己的生存价值，认知自然界的场域价值，体味人类与自然界的互动价值，重新定位人在自然界的地位，规定人类在自然界中的责任，引导人类重构人与自然的关系，正确解读人与自然的利益关系、人类自我价值和自然自我价值关系、经济增长价值和自然增长价值关系，形成人与自然和谐的权利义务和责任关系，自觉履行维护生态平衡的道德义务，规范行使和实现自然界和谐发展的权利。

（五）生态伦理是生态文明建设的道德责任

传统工业文明思维和秩序下产生的以个人主义、物质主义和人类中心主义为核心的伦理传统，道德关怀仅诉诸人类，而排斥自然和其他非人类，甚至忽略社会、他人、后代的道德责任和道德义务。质言之，这种传统的伦理模式只片面承担着对人的责任和义务，漠视人对自然的权利责任和义务，这是一种典型的无责任道德追求。以满足物质欲望和物质利益为主要目的的传统工业文明伦理，漠视自然界的权利，蔑视自然界的公平正义，甚至自然道德关怀缺失，这是造成人与自然以及人与人、人与社会之间关系极度紧张和扭曲的重要原因。

因此，要根据生态伦理和生态文明的要求，重塑人与人、人与自然、人与社会之间的道德关系，注重培养人类的生态责任意识，将人类与非人类、人类与自然界、自我与他人、个体与社会的责任一体化兼顾，构建互为前提和内涵交互的伦理系统，即人类追求自我利益实现，与非人类、其他物种协调共进，既要满足当代人的需要和价值，又要综合思虑后代人的需要和价值，唯其如此，人与自然共生、共存、和谐发展之目的才能实现。

生态责任的产生主要是基于人、自然与社会之间的相互联系和依存的关系。自然界不是自觉承担“责任”的主体，人类是有意识、有目的、有方向、有目标、具有能动性的责任主体。传统工业文明以来，人类面临的生态恶化、环境污染、资源枯竭等问题和危机，是个体生态责任意识和群体责任意识的丧失所致。就传统工业文明的发展进程而言，个体、群体、政府、组织甚至国家的生态保护和生态建设责任的缺失，是导致生态危机、环境破坏的根本原因。如果全球范围内不能达成生态伦理的普遍共识，人类作为主体就难以普遍形成生态责任意识，生态伦理就不能成为全球伦理，就很难实现人、自然和社会协同发展的可持续性，生态文明建设重任的完成也将遥遥无期。生态伦理塑造的是高素质的生态主体，高素质的生态主体必然具有自觉担当的生态责任，这是建设生态文明的强大内在力量。

（六）生态伦理倡导生态绿色的生产方式

传统工业文明视野下的实践活动中，人类将外部自然界视为改造和征服的对象，视自己为外部自然界的主人，自封为主宰自然的“超人”，以物质追求为目的，肆意向自然索取物质成果，片面追求经济高速增长。就实质而言，生态恶化、环境破坏、能源枯竭正是在传统工业文明伦理和思维支配下人类自己“征服、改造自然”的实践活动所致。人类必须摈弃传统的思想和行为，基于自然、社会和未来可持续发展的要求，消除人类征服自然的心结，重构人与自然之间的关系，在开发、利用自然中，优先保护自然，维护生态平衡。

生态伦理作为一种普遍性伦理，要求我们必须摈弃实利主义、消费主义的生活方式。追求丰富的物质财富、满足消费需求是人类生存的物质前提，但传统工业文明下的生产方式和生活方式的一个重要弊端，就是人类对物质财富和金钱的无限追求和贪婪，这是经济畸形增长、自然资源过度消耗、生态危机频发的重要因素。生态伦理倡导集约的生产方式和适度的消费方式，有助于重塑人与自然的关系，有助于传统经济发展方式和消费方式凤凰涅槃和实现动能机制的彻底转换。

第四章　生态文明的道德基础

建构生态伦理的目的，就是实现人与自然的和谐相处、共生共荣。人与自然的和谐相处、共生共荣是建构人类社会和谐的前提基础和重要内容。生态伦理是生态文明建设的价值取向，是生态文明建设和生态治理的一种规范指导。因之，就本质而言，生态伦理与生态文明具有高度一致性和相容性。实现经济社会协调发展、永续发展、可持续发展，保护生态环境，解决生态失衡问题，是二者的共同目标追求。

一　生态文明的道德基础

人与自然是一个有机统一体，人与自然共生共荣、协调发展是生态文明的基本要求和价值目标。

（一）人与自然的共生共荣是生态文明的基础

人与自然是有机的统一整体。自然界是人类存在与发展的前提和基础。人与自然在协同进化、共同发展中，形成丰富多样的有机统一关系。可以说，共生共荣、互为前提是人与自然最根本性的关系。基于反思现代生态危机，人类逐渐形成新型生态自然观，这是辩证唯物主义自然观在当代社会的发展进步。因之，彰显人与自然共生共荣、协调发展，关注人类生态系统和非人类生态系统互动演进，是生态自然观的核心。

进入20世纪以来，随着工业文明的飞速发展，人类生态系统及其生产方式和生活方式发生了翻天覆地的变化。不断打破人类想象阈限的经济高增长、冲击人类财富愉悦心理和感官满足的高消费，导致对外部自然界的过度开发，引发事关人类命运的生态危机和生态灾难。遍及全球的生态危机是人与自然关系异化的必然后果。机械唯物主义自然观是传统工业文明的哲学基础。机械唯物主义自然观打破了神、人、自然的三级结构，视人为一切价值的中心，机械地割裂人与自然的关系，并将这种本来的相融关系推至对立的登峰。这种将人与自然的对立和矛盾极致化，以及高投入、高产出、高消费的生产、生活、消费方式，将人与自然的“征服与反征服”推向高峰，导致生态危机和生态灾难与人类如影随形。

人是自然界的产物，自然界是人类和非人类生存发展的基础。自然的自然、人化的自然、人工的环境，伴随着人类有意识、有目的的实践活动而展开。人与自然是互生互蕴的有机整体，人与自然在社会实践中相互依存、相互制约、互为主体。人是自然的产物，不能离开自然而独立存在。自然界不是抽象的存在物，自然界是人类的载体、是人类实践活动的场所。随着社会实践活动的拓展和深入，自然界的人化和人的自然化构成了人与自然的相互关系。

（二）人与自然的和谐相处是生态文明的本质

人与自然的和谐相处是生态伦理的本质属性和基本要求。从人类主体角度观之，人类自觉认识和把握自然规律，科学使用自然资源，有效开发利用自然资源，真诚保护自然环境，全面认识自然及其规律，科学把握自然的本质规律，并以此指导人类的生态实践活动，才能真正实现合理地使用自然资源，充分地利用自然资源，尽量在自然的改造和利用中避免破坏自然环境，使自然得到休息、修复和保护，使开发自然和利用自然限定在可承受和恢复范围内。

全面完整地认识自然是前提，科学理性地使用自然是过程，高效率地开发利用自然是结果，真诚地保护自然是方向，这四个方面环环相扣、互为因果、相互作用，是对人与自然关系及其内在机理和发展规律的科学认知。生产发展、生活富裕、生态良好，是人与自然和谐相处的价值追求。

人类期许和追求与现代化的进程相伴，经济社会发展和人民对美好生活的向往应具有同向性和同质性。干净的水、清新的空气、安全的食品、优美的环境是人类美好生活的基本构成。因之，环境是民生，青山是美丽，蓝天是幸福，良好生态环境是最公平的公共产品、是最普惠的民生福祉。实现人与自然和谐相处，是功在当代、利在千秋的价值追求。建设生态文明，事关人民福祉和民族未来的千年大计，是实现社会文明转型的题中应有之义，是实现中华民族伟大复兴不可或缺的内容。

自然环境是我们人类社会不断发展进步最重要的依托和基础。保护生态环境，构建人与自然和谐相融的关系，形成循环发展、永续发展、可持续发展的经济发展方式和自然环境，是人与自然和谐发展、互为因果关系的核心。能否构建和谐良好的人与自然的关系，关乎人类生活质量、生活品质，关乎人类未来发展和延续。生态恶化、环境破坏、资源浪费，无限制追逐物质利益的满足，则会消解人与自然关系的内在平衡，异化人与自然相融相依的关系。

因此，尊重自然规律，建构人与自然和谐相融的关系，保证人与自然共生共荣、共赢互蕴，是正确处理人与自然关系的基本要求，亦是生态文明追求的重要目标。

二　人与自然的辩证关系

人与自然的辩证关系有多个维度，就人类对自然资源的态度而言，是人类如何维护自然的发展和生态的平衡，既要充分享受自然给予的资源和能源，又要持续有效地保护自然；就人与自然的平等关系而言，是正确处理人类生存发展、非人类的生存发展、自然环境的生存发展三者之间的关系；就人类自我发展而言，是正确管控人类行为，使人类诉诸外部自然界的行为，既要尊重自然的生存进化规律，使人之自身行为“合真”，又要通过自然的生存发展提升个体和群体的生存发展，使人之自身行为“合德”。唯有如此，才能对人与自然的辩证关系进行全面的审视。

（一）尊重自然、爱护自然

人类是自然界的重要物种，是整个自然界的重要组成部分。人类产生发展及其生命运动都要受自然规律的制约。人类在自然界的漫长进化中，在与其他物种的能量交换中，形成了超越其他物种的实践能力、认知能力、自我控制能力和伦理审美能力。人类为实现生存与发展，建构了一套复杂周密的社会组织体系和制度规范体系。相较于其他生物和无生命的物质，人类是组织模式和组织行为的生命群体，有其他物种不及的创造性和主观能动性。人类要实现生存发展之目的，须与自然界各种物种进行物质、能量和信息的交换。自然是独立人类之外的存在，不依赖于人类的存在而存在，但人类始终要依赖于自然的存在而存在。自然界之合规律性的生存发展，要求人类必须遵守这一规律，并按照规律主动维系人与自然的公正平等关系。自然规律是基于自然竞争法则而形成的，如上所述，这是自然界的一种独有的自然权利。从尊重自然权利出发，尊重自然、爱护自然、不伤及自然，形成人与自然的平等关系，是人类实现自我进化与发展的主旨。

（二）建构人与自然命运共同体

人类的产生发展只是历史长河中的一个阶段。而正确处理这一阶段中人与自然的关系，对人类而言至关重要。因为人类不断进化的过程必须置身于自然界中才能完成，人类产生于自然界、依赖于自然界，在自然的进化中实现人类的发展。因之，基于人与自然关系的特殊性，正确处理二者的关系，是处理好各种利益关系的前提。例如，人的发展与自然资源的关系、人的生活改善与能源消耗的关系、人的全面发展与自然全面发展的关系、人的当下利益和自然的长远利益的关系。

人类的当下利益是处理人与人、人与自然关系必须面对的选择，事关当下人类的生死存亡。自然的长远利益是指处理人与人、人与自然关系时，暂时牺牲人的当下和暂时利益，以获得自然的长远利益。当下利益和长远利益是辩证统一的关系，二者互相促进、共同发展。当下利益和长远利益既矛盾又统一。理清二者的作用和相互关系，并有机结合统一起来，充分调动各方面的积极性，减少各种阻力，就能实现人类与自然利益的最大化。因之，建构人与自然命运共同体至关重要。

生态文明着眼于中华民族的永续发展和长远利益，我们必须用前瞻性的眼光进行制度设计，创新经济发展方式，健全生态环境保护机制，实现经济与社会、人与人、人与自然的良性互动。依据统筹兼顾的原则，既要考虑眼前利益，又要考虑长远利益；既要考虑当前发展需要，又要考虑未来发展需要；既要遵循经济规律，又要遵循自然规律；既要坚守社会文明发展主旨，又要坚守生态文明发展主旨；既要实现经济社会效益，又要实现生态环境效益。

目前，对各种利益关系的处理还存在诸多的现实问题，文明转型关系人类价值的目标追求。人类的价值和自然的价值、人类的发展和自然的发展、生产力的追求与生态平衡的维系、生产效率的提升与环境的承受能力等各种关系，亟待我们认真研究和正确处理。而给予我们重要解决路径和方法的必然是生态文明，这是人、社会、自然之间和谐演进的本有之道和应有之道。

（三）构建合理、合德、合法的行为模式

人类自我行为选择失当，专注于人的当下利益满足和眼前价值诉求，而忽视自然界的权利和自然界的利益，是导致生态环境恶化的主因。

首先，人的行为选择不仅受以往思想观念的支配，还受人的知识、能力、立场、利益的限制。人们的思想观念和对事物的价值判断，往往带有主观色彩和主观利益取向，这是导致行为选择过失和逾越规范约束的主要因素。

其次，人的思想观念及事物的判断左右着人的行为选择。人是有目的、有意识的高级动物，人有发达的思维且受主客观因素的影响，意识和思维的主观性，经常导致人类选择的主观性、片面性和局限性，表现为选择目的的短期性和盲目性，选择目标的具体性、非全面性，以至于只关乎选择行为的可行性和可能性，而忽视选择行为的合理性和合法性。

再次，人的思想观念和对事物的判断往往有固化不变之弊端，对制度的设计有侧重当下忽略未来的先天缺陷，以至于在处理人与自然关系上，人类行为的不合理性选择总伴随着我们。

因之，建立合理、合德、合法的行为模式，对生态文明建设至关重要。在当下利益满足和长远环境保护的选择顺序上，为了避免顾此失彼的错误，实现选择的合理性、合德性和合法性，须正确认知经济利益和生态利益的关系，正确处理人的发展与自然的发展的关系，预知未来利益和当

下利益的关系，这是生态文明建设必须破解的根本性问题。因为人类行为的合理性与否，直接影响着人与自然之间的协同发展，直接影响着经济的可持续发展、民族的永续发展。

第五章　生态文明建设的问题与现状

生态文明是一种新的文明形态，是人类关于人与自然、人与社会关系的理性反思。认真探究工业革命以来人与自然的关系，直面全球视域下的经济发展方式和发展模式以及生态环境面临的问题，研究人类命运共同体视域下生态文明建设的理路，有重要的现实意义。我国生态文明建设的压力和困境，既有经济发展方式、体制机制方面的问题，也有人口压力、文化价值理念的问题，还有能源、资源的约束等问题，其中传统的经济发展方式是我国资源能源短缺、生态恶化、环境破坏以及水、土壤和大气污染的根本性制约因素。

一　全球生态视域下经济发展方式的反思

全球性生态危机已成为人类必须共同直面和亟待解决的问题。森林锐减、资源短缺、能源危机、土地退化、淡水匮乏、空气污染等全球性问题说明，前工业文明的发展模式以及盲目追求 GDP 绝对增长的经济发展方式难以为继，必须摈弃人与自然分离、人高于自然、经济至上主义的工具理性哲学观。传统工业文明模式固有的内在矛盾性和内在制约性，决不能从根本上解决传统经济发展方式弊端以及全球性和整体性的生态环境危机，生态文明建设才是解决全球性生态危机的根本出路。

（一）全球生态安全问题的反思

20 世纪以来，随着西方国家工业化的快速推进，曾为人类津津乐道的前工业文明暴露出许多弊端和问题。在“工业化生产方式和人类中心主义价值观”的利诱下，全球性生态危机爆发令人担忧，西方发达资本主义国家在积累大量物质财富的同时，也造成了全球性的土地、生物、矿产、森林、能源的过度开发和日趋枯竭，大气、水质、土壤污染严重，城市交通拥堵愈演愈烈，贫困差距日益加剧，气候恶化和灾害频发，这些都是生态危机的具体表现。值得我们深刻反思的是，资源枯竭、生态恶化、环境破坏、气候雾霾化等生态环境问题，对人类的健康与经济社会的可持续发展形成了严峻挑战和影响。从 20 世纪 40—60 年代开始，震惊世界的环境污染问题频发，公共环境事件和公共安全事件引发人类对人与自然关系的深刻反思，最具代表性的 10 大环境污染事件至今仍历历在目，让人心有余悸（见表一）。

表一：　　20 世纪世界 10 大环境事件

时间（年）	国家（地点）	表现	后果	原因
1930	比利时的马斯河谷事件	气温发生逆转、有害气体和烟煤飞尘聚集不散，3 天开始发病	胸闷、咳嗽、呼吸困难，一周内 60 多人死亡，心脏病和肺病患者死亡率最高	几种有害气体同烟煤粉尘对人体综合作用所致
1943	美国洛杉矶烟雾事件	弥漫天空的浅色烟雾，致使整个城市浑浊不清	烟雾刺激喉、鼻，引发喉头炎、头疼，柑橘减产、松树枯黄等	汽车尾气造成的污染公害
1948	美国多诺拉事件	大部分地区受反气旋逆温控制	591 人暴病，喉痛、流鼻涕、干咳、四肢酸乏、咳痰、胸闷、呕吐、腹泻，死亡 17 人	$S0_2$ 及其氧化物的作用产物同大气中的尘粒接合是致害因素
1952	英国伦敦烟雾事件	浓雾笼罩	患呼吸系统疾病的人数增多，死亡人数较同期增长 4000 人，支气管病、冠心病、肺结核、心脏衰竭、肺炎、肺癌、流感增多，事件后两月内又有 8000 人死亡	大量耗煤、尘粒浓度增大。$S0_2$ 浓度是平时的 6 倍。烟雾中的 Fe_2O_3 促使 SO_2 氧化成 SO_3，形成 H_2SO_4，凝在尘埃上，形成酸雾

续表

时间（年）	国家（地点）	表现	后果	原因
1953—1956	日本九州南部熊本县水俣病事件	废水中的汞被鱼食用，在鱼体内转变成有毒甲基汞	人食鱼后，汞在人体聚集，导致患者口齿不清、步履蹒跚、面目痴呆、全身麻木、耳聋眼瞎、狂叫而死	化工业废水排放
1955—1961	日本四日市哮喘病事件	石油化工排放粉尘、空气污浊不堪	呼吸系统疾病蔓延，支气管、肺气肿、哮喘，患者最多800多人	有害气体和金属粉末相互作用生成硫酸等物质
1963	日本米糠油事件	米糠油脱臭失误	米糠油混入多氯联苯，人食用中毒，最多中毒人数高达5000人，16人丧生，1300人受害，10万只鸡遭殃	有害化工原料混入食用油
1955—1963	日本神东川骨病事件	矿业炼锌废水排放	炼锌排放废水中含有金属镉，食用含镉之米，饮用含镉之水，导致骨痛病	化工废水乱排放
1984	印度博帕尔事件	美国农药厂剧毒灌爆炸	45吨毒气形成一股浓密烟雾，以每小时5000米的速度袭击博帕尔市，死亡2万人，受害20万人，5万人失明，孕妇产下死婴或流产，受害面积40平方公里	地下储罐内剧毒的甲基异氰酸脂因压力升高而爆炸外泄

续表

时间（年）	国家（地点）	表现	后果	原因
1986	苏联的切尔诺贝利核泄漏事件	核电厂反应堆爆炸	放射性碎物和气体冲上一公里的上空。一万多平方公里的领土污染，乌克兰 1500 万公顷的肥沃土地因污染而荒芜。2000 万人受到放射性的影响，8000 多人死于相关放射疾病	核爆炸导致核污染

这些震惊全球的生态环境污染事件，导致数以万计的平民患上公害病，[①] 并诱发了众多社会问题、经济问题、政党问题、民族问题和国家问题。尽管传统工业文明的弊端和危机表现形式多样，但生态环境危机是其最根本的特征和基本的表现形式，“资源衰竭是人类滥用自然资源的结果；环境污染是人类向生态环境中肆意排放废水、废气、废渣的结果；人口过剩是人口增长与资源、环境不相适应的结果；能源短缺是人类过度开发环境中的矿物燃料的结果；城市环境恶化是城市发展、城市结构、城市功能和环境不相适应的结果，贫穷与饥饿也部分地起因于人口增长、经济发展与环境、资源的不相协调”。[②] 人类生存发展与生态环境的严重冲突和矛盾，要求我们必须重新反思人与人、人与社会、人与自然之间的内在本质关系，明晰传统工业文明及其经济发展方式内在缺陷，基于全球生态治理的要求，实现传统工业文明到新型生态文明的治理转型，建构全球生态治理和生态文明的命运共同体。

（二）生态文明与可持续发展成为各国共识

生态恶化、环境污染和由此导致的多样性社会问题，严重困扰着各国政府和世界环境组织，全球化生态治理统一行动的呼声此起彼伏。1972

① 公害病指由人类活动造成严重环境污染引起公害所发生的地区性疾病。如与大气污染有关的慢性呼吸道疾病、由含汞废水引起的水俣病、由含镉废水引起的痛痛病等。公害病的流行，一般具有长期（十数年或数十年）陆续发病的特征，还可能累及胎儿，危害后代。

② 陈金清主编：《生态文明理论与实践研究》，人民出版社 2016 年版，第 16 页。

年 6 月 5 日联合国第一次世界性的人类环境会议，在瑞典首都斯德哥尔摩举行，包括中国在内的 113 个国家的代表参会。此次会议通过了对全球环境治理影响深远的《人类环境宣言》，“为了这一代和将来的世世代代的利益”成为人类共同的信念和原则。《人类环境宣言》形成了可持续发展理念，明确了生态环境治理的发展方向，开启了全球政府环境保护合作和国际环境组织保护合作的新纪元。

斯德哥尔摩会议之后，环境保护政府性合作机制、民间性环境保护合作机制建构，各类环保组织间框架条约达成，取得了一定进展。但因前工业化思维和传统经济增长方式的驱使，生态恶化和环境污染仍不断加剧，并有不断扩大甚至恶化的趋势，甚至一度出现波及全球的酸雨、土地退化、臭氧层破坏、生物多样性锐减、气候变化和区域性环境问题。严峻的生态环境态势和危及人类发展的担忧，迫使生态学专家、环境学专家和各国政府管理层不得不调整经济发展方式和生态治理方式，开始对工业化源头和工具理性思维方式进行理性审视与哲学反思。在经济、社会、自然的共生共荣中，切实保护生态环境，逐渐成为全球生态治理的共识。

1987 年世界环境与发展委员会发表的研究报告《我们共同的未来》，首次提出可持续发展的新理念：既要满足当代人的需求，又不对后代人的满足其能力构成危害的发展。这一崭新的可持续发展理念向人类传达了一个共识的价值理念，即人类要发展，发展有限度，发展要可持续，发展不能危及后代人生存，当代人的发展不能影响后代人的发展。可持续发展理念及其原则的确定，从理论上解决了经济增长与环境保护的二律背反问题，表明人类已洞悉到经济增长与环境保护相互联系、互为因果、共生共荣的内在规律，开启了将发展融入生态保护的理性自觉时代。

1992 年的联合国环境与发展大会和 2002 年的可持续发展世界首脑会议使可持续发展从理念层面走向战略层面和实践层面。从 1972 年第一次人类环境会议到 1992 年联合国环境与发展大会的 20 年，全球经济规模与总量、能源与资源的消耗总量，特别是全球生态环境保护态势发生了很大变化，生态环境污染出现了新形式、新特征。尽管发达国家和发展中国家在生态环境保护方面做了大量工作，环境污染治理成效显现，但全球生态环境污染的问题仍然相当严重，很多国家和地区不仅局部性的污染没有彻底治理，而且全球性的水、气、声、渣等问题和环境污染问题更加凸显和加剧。如：气候变暖明显、臭氧层破坏加速、酸雨范围扩大、荒漠化日益严重、森林物种剧减、人口急剧膨胀等。生态环境污染事件频发和生态环境问题凸显，给人类的生存与繁衍提出了严峻的挑战。1992 年，联合国环境与发展大会通过和签署了《里约环境与发展宣言》《二十一世纪议程》《关于森林问题的原则声明》《气候变化框架公约》和《生物多样性公约》五个国际性的环境保护文件，发达国家和发展中国家基于对环境问题的共同认知与保护人类环境迫切性一致性的认识，制订了对环境保护与经济发展具有约束效力的公约。

这次“环发大会”提出，环境保护工作是人类发展进程中的一个整体组成部分，人类应享有以自然和谐的方式过健康富有成果生活的权利，应否定和摈弃高投入、高消耗、高污染的生产消费模式，建构经济和环境协调发展的新模式。此次会议，使可持续发展在全球范围内成为共识，并由发展理念化为行动战略和具体实践。

2002 年，联合国在南非约翰内斯堡举行可持续发展世界首脑会议，会议议程是：可持续发展的理念、战略内涵和经济增长、社会进步、环境保护三大支柱。会议强调经济社会的发展必须与环境保护相结合，以实现世界可持续发展和人类繁荣的目的。此后，关于气候变化的几次里程碑会议都与生态环境保护有关。

2015 年 11 月 30 日—12 月 11 日第 21 次缔约方会议在法国巴黎召开。主要议题：达成关于 2020 年后加强应对气候变化行动的协作；发达国家在 2020 年之前要在 1990 年的基础上减少排放至少 25%—40%；发达国家承诺，到 2020 年前，每年为发展中国家提供 1000 亿美金的资金支持，并建立技术转让机制；希望落实《公约》基本原则、加强全球行动的成果。

2016 年 11 月 19 日在摩洛哥召开联合国马拉喀什气候大会。与会各方就《巴黎协定》程序性议题达成一致，重申支持并落实《巴黎协定》的决心。大会通过《马拉喀什行动宣言》，强调各方应当作出最大政治承诺，以行动落实《巴黎协定》内容。宣言强调，全世界的气候变化行动在 2016 年展现强劲势头，当前任务是在这一基础之上，有目的地减少温室气体排放，进一步加大应对气候变化的力度，支持 2030 年可持续发展议程及可持续发展目标。宣言呼吁各方作出最大政治承诺，把应对气候变化作为当务之急，帮助最易受气候变化影响的国家提高应对能力，同时支持消除贫困，保障粮食安全。宣言还重申发达国家在气候治理问题上应兑现向发展中国家提供资金、技术和能力建设的承诺。

但令人遗憾的是，美国作为世界第二大温室气体排放国，不顾国际社会的反对，携一己之私，公然退出《巴黎协定》，全球应对气候变暖的治理机制和治理模式遇到严峻挑战。生态环境保护早已成为世界各国普遍化的国家追求和民族价值，亦是建构人类命运共同体的重要内涵。《京都议定书》和《巴黎协定》是国际社会探求应对气候变化重要的机制体制安排，本届美国政府罔顾其生产方式和发展模式消耗可再生和不可再生资源、大量排放有害物质于自然界的现实，以保护就业和经济增长为借口，行美国优先之战略，其聚世界资源满足一国需要的自私性昭然若揭，亦暴露了其生产方式、生活方式和消费方式的弊端。

人类的生产活动只有保持在自然界的阈限之内，才能凸显惠及人与自然的正向价值，反之，超越自然界阈限，则会消解自然的吸收、补偿、再生和恢复功能，滑向负面价值维度，从而导致全球生态危机和人类自身的生存危机。

地球适合人类生存的唯一性，要求世界各国必须致力于“人类命运共同体”建构，要直面世界治理的复杂性、地球环境的脆弱性、经济增长的无极限性等全球性问题，树立“地球是一个家”意识和“人类命运共同体”意识，勘正当下世界生态治理模式之简单经济利益价值驱使的弊端，在公正公平合理合作共赢的治理机制下，消解零和博弈、非此即彼的狭隘思维模式，形成各尽其职、各尽其能、各负其责、合作共赢的治理架构，以诚信、公平、正义为价值取向，以公约、契约、协议、规则为法治依托，以对话合作、互鉴包容、共同发展为交往平台，坚持共同责任和有区别责任的原则。世界各国都应主动承担和国情、发展阶段、自身能力相称的气候治理国际责任和义务，将生态文明和环境保护作为人类共同的道德责任和法律责任。

二　我国生态文明建设的成就

与世界生态环境保护和可持续发展的理论、战略和实践同步，我国在认真履行联合国相关公约文件的基础上，根据中国的国情，制订了经济、社会、环境可持续发展的总体战略、顶层方案和具体对策。随着改革开放的推进和经济高质量发展的要求，党和国家将生态文明和可持续发展作为治国理政的重要战略指导思想，基于中国经济社会发展现况，制订生态文明建设清晰的时间表和路线图。

党的十八大以来，我国生态文明建设步伐加快，“绿水青山就是金山银山”的理念深入人心，党中央国务院对生态文明建设进行了一系列的重大部署，形成了关于当前和未来生态文明建设的顶层设计、制度框架和政策体系，生态文明建设取得重大成就。

（一）形成生态文明建设的顶层设计

从提出全面建设小康社会、建立资源节约型与环境友好型社会，到实践科学发展观、建构和谐社会；从提出大力推进生态文明建设，树立尊重自然、顺应自然、保护自然的生态理念，把生态文明建设放在突出地位，融入经济建设、政治建设、文化建设、社会建设各方面和全过程，到加快生态文明制度建设，实行最严格的源头保护制度、损害赔偿制度、责任追究制度，完善环境治理和生态修复制度，用制度保护生态环境；从全面推进依法治国的高度，提出用严格的法律制度保护环境，到站在“四个全面”和“五大发展理念”的战略高度，提出坚持绿色发展，必须坚持节约资源和保护环境的基本国策，并提出具体化的行动纲领：坚持可持续发展，坚定走生产发展、生活富裕、生态良好的文明发展之路。生态文明建设实现了从理论到实践、从理念到行动、从伦理到法治、从政策到制度的整体推进、全面突破和系统建构，具体包括以下几个方面：

党的十八大将生态文明建设纳入中国特色社会主义事业“五位一体”总体布局中，生态文明建设目标在党的十八大第一次被写进了政治报告。党的十八届三中全会将建设美丽中国作为生态文明体制改革的重中之重。建构人与自然和谐共生的生态环境治理体系，必须健全完善生态文明系列制度，构建国土空间开发体制机制、资源节约利用体制机制、生态环境保护体制机制。党的十八届五中全会首次提出五大发展理念，生态文明核心的绿色发展理念位列其中。我国制订的“十三五”规划将生态环境质量的改善作为小康社会建设的重要目标。

党的十九大报告基于我国社会主要矛盾变化，不仅明确了生态文明建设总体指导思想，而且提出了切实可行的具体措施。创造更多物质财富和精神财富，提供更多优质生态产品，满足人民日益增长的美好生活和优美生态环境需要，是生态文明建设的目标。将生态文明建设融入”不忘初心、牢记使命”的宏伟蓝图中，彰显了我们党宏大、宽广、持久的执政情怀和治理目标。生态文明建设的举措成就并举：一是建构绿色生产和消费的法律制度，加强绿色政策设计；二是建构提高污染排放标准、强化排污者责任、健全环保信用评价、信息强制性披露、严惩重罚的制度体系；三是依法规定生态保护红线、永久基本农田、城镇开发边界三条控制线；四是深化生态环境监管体制的改革。2018 年 3 月 11 日，十三届全国人大一次会议审议通过《中华人民共和国宪法修正案》，将“生态文明”写入国家根本法，这是党和国家对生态文明建设的极大重视，彰显了新时代我国经济社会高质量发展的目标和方向。宪法是治国理政的总章程，生态文明载入宪法，为生态文明法治建设提供了新的支持动力，为生态环境之立法、行政、执法、司法、守法及法律监督等提供了宪法依据。

（二）建构生态文明制度体系

党的十八大以来，我国生态文明制度建设成绩斐然，《关于加快推进生态文明建设的意见》《生态文明体制改革总体方案》相继出台。

2013 年提出建立生态补偿机制。2014 年，党的十八届四中全会提出，要建立健全自然资源产权法律制度，完善国土空间开发保护方面的法律制度。

2015 年 1 月和 2016 年 1 月新修订的《环境保护法》和《大气污染防治法》颁布实施，环境法治建设迈上新台阶。2015 年 7 月，中央深改组审议通过《环境保护督查方案（试行）》，建立环保督查机制，从 2016 年开始，每两年左右对各省（自治区、直辖市）督查一遍。2015 年 8 月，国务院办公厅印发《生态环境监测网络建设方案》，对未来一个时期我国生态环境监测网络建设作出全面部署和规划。2015 年 9 月，党中央、国务院出台生态文明体制“1 + 6”改革方案，明确要求建设八个方面的制度，形成生态文明建设和体制改革的“组合拳”。2015 年 11 月，“十三五”规划纲要提出实施最严格的环境保护制度。

2016 年 8 月，提出在若干省建立国家生态文明示范区，进行生态文明体制改革综合实验。

2017 年党的十九大报告提出要打好污染防治攻坚战。之后自然生态空间用途管制、自然资源统一确权登记、全民所有自然资源资产有偿使用制度加快试点步伐，自然资源资产负债表加快编制，党政领导干部生态环境责任追究、自然资源资产离任审计制度加快实施。

（三）生态保护成效显著

首先，全国已经陆续开展生态文明试验区建设，已有 16 个省进行生态文明省建设，1000 多个市县区进行生态文明市县建设。

其次，环境督查力度加强。截至 2017 年 5 月，已经完成对全国 23 个省的环境督查工作，各地累计问责 10426 人，立案处罚 15586 家，罚款 7.75 亿元。

再次，通过实施天然林保护、退耕还林还草等生态修复工程，森林覆盖率已由 21 世纪初的 16.6% 上升为 21.66%，成为全球森林覆盖率增长最多的国家。

复次，污染防治三大行动计划有效推进。空气优良天数持续增加，大气雾霾得到遏制。大气污染防治行动计划目标全部实现。“大气污染防治行动计划（“大气十条”）第一阶段收官。我国已形成了世界上最大的污水治理能力，PM2.5 治理之广度和深度在发展中国家中首屈一指。

最后，成为国际社会履行可持续发展议程、应对气候变化、保护臭氧层贡献进步最大的国家。从《京都议定书》到《巴黎协定》，从可持续发展议程到气候大会，从主动减排到国际绿色机构参与，中国都展现出一个负责任大国的气度和胸怀，成为建构人类命运共同体最重要的发起者和主导者。

三　我国生态安全问题的概况

改革开放以来，我国经济社会建设取得的巨大成就有目共睹。但需要指出的是，我国生态环境形势依然十分严峻，我们的经济增长是建立在能源消耗较高、生态环境破坏较大基础之上的。无论是维系人们基本生存的耕地、淡水，还是支撑经济持续增长的能源和矿产资源都相对短缺，耕地资源是世界平均水平的 40%，人均矿物资源是世界平均水平的 58%，淡水资源仅是世界平均水平的 25%。我国的生态环境问题严重制约了经济社会的发展，水土流失和土地沙化威胁着国家生态安全，我国 90% 的天然草原不同程度退化，1/3 的国土面积曾受到水土流失的侵蚀，耕地资源污染，土壤地力下降，生物资源锐减。沱江、松花江等流域接连发生的重大环境污染事故，直接影响到人民的生产和生活。频繁袭击祖国北方的沙尘暴，一再敲响了生态安全的警钟。发达国家在上百年工业化进程中阶段性出现的生态环境问题和居民健康问题，已经集中在我国出现。能源、土地、矿产和水资源严重不足，严重制约着我国经济高质量发展进程，保护环境、恢复生态、资源利用，面临着巨大压力。

我国生态文明面临的压力和困境，导致我国资源能源短缺和利用效率不高、生态恶化、环境破坏的根本性制约因素，既有经济发展方式、体制机制方面的问题，也有人口压力、文化价值理念的问题，还有能源、资源的约束等问题。

近几年来，随着我国生态保护力度的加大，公民生态意识的增强，生态保护立法的健全和完善，以及对保护生态环境的理性认识的提升，上述问题基本得到了遏制。“生态文明建设成效显著。大力度推进生态文明建设，全党全国贯彻绿色发展理念的自觉性和主动性显著增强，忽视生态环境保护的状况明显改变。生态文明制度体系加快形成，主体功能区制度逐步健全，国家公园体制试点积极推进。全面节约资源有效推进，能源资源消耗强度大幅下降。重大生态保护和修复工程进展顺利，森林覆盖率持续提高。生态环境治理明显加强，环境状况得到改善。引导应对气候变化国际合作，成为全球生态文明建设的重要参与者、贡献者、引领者”。[①] 但就整个生态环境保护而言，在某些地区和某些方面仍有恶化的趋势，近年来我国的生态问题出现了新的特点和趋势。

（一）我国生态安全问题与困境的具体表现

一是我国的自然资源总量较大，但人均水平很低。我国人均矿产资源

① 习近平：《决胜全面建成小康社会夺取新时代中国特色社会主义伟大胜利》，人民出版社 2017 年 10 月版，第 6 页。

占有量仅仅相当于世界平均水平的58%，人均耕地面积、水资源量、森林面积分别是世界平均水平的30%、25%和21%，人均煤炭、石油、天然气占有量分别是世界平均水平的69%、6.2%和6.7%。按国土资源部2009年发布的《全国矿产资源规划（2008—2015)》推算，到2020年，我国45种主要矿产中，将有19种会出现短缺，其中11种是国民经济的支柱矿产，其中石油对外依存度将上升到60%，铁矿的对外依存度为40%，铜和钾的对外依存度是70%。改革开放以来，我国的经济总量跃居世界第二，但我国一次能源消费总量年均增长9.4%，是世界同期增速的3.7%，单位GDP消耗是美国的4倍，日本、法国、德国的6倍，印度的1.3倍。近年来我国综合能源效率约为33%，低于发达国家10个百分点，煤炭消费比重比世界平均水平高出40个百分点，一些清洁能源的利用率远远低于国际平均水平。

二是大气安全形势严峻与危害凸显。生态安全问题对国家安全有重要意义。《2016中国环境状况公报》通报，“全国338个地级及以上城市中，有84个城市环境空气质量达标，占全部城市数的24.9%；254个城市环境空气质量超标，占75.1%。338个地级及以上城市平均优良天数比例为78.8%，比2015年上升2.1个百分点；平均超标天数比例为21.2%。新环境空气质量标准第一阶段实施监测的74个城市平均优良天数比例为74.2%，比2015年上升3.0个百分点；平均超标天数比例为25.8%；细颗粒物（PM2.5）平均浓度比2015年下降9.1%。474个城市（区、县）开展了降水监测，降水PH年均值低于5.6的酸雨城市比例为19.8%，酸雨频率平均为12.7%，酸雨类型总体仍为硫酸型，酸雨污染主要分布在长江以南—云贵高原以东地区。”①

三是水资源缺乏与安全问题相当严峻。我国的水资源仅仅占世界水资源的8%，人均水资源占有量只相当于美国的1/5、世界平均水平的1/4。我国可利用水资源9000亿平方米，已接近可用水资源的极限。全国668个城市中410个城市供水不足，其中110多个城市严重不足，涉及4000

① 《2016中国环境状况公报》由环境保护部会同国土资源部、住房和城乡建设部、交通运输部、水利部、农业部、国家卫生和计划生育委员会、国家统计局、国家林业局、中国地震局、中国气象局、国家能源局和国家海洋局等主管部门共同编制完成，是反映中国2016年环境状况的公开年度报告。

万人口的饮用水问题，我国农村还有3.6亿人口的饮用水不达标。全国25%的地下水体遭到污染，海洋环境污染日趋严重，赤潮频发，有毒有机物污染问题凸显。生态系统退化严重，生态功能下降，生态平衡失调，已对我国生态安全造成严重威胁。

四是农业活动废弃排放、垃圾堆放、地面沉降对土壤质量影响严重，土壤污染出现源多、量大、面广、持久、毒害性大、消除难等特征。到20世纪末，我国受污染的土地面积为2000万公顷，每年因土壤污染减产粮食1000万吨，因污染超标的粮食1200万吨，烟煤、公路交通尾气排放的重金属、垃圾堆存残留的重金属等也严重污染着土壤。土壤污染直接影响到粮食的质量和蔬菜的质量，甚至饮用水的质量。

五是生物物种濒临危机凸显。尽管我国是世界上生物物种最为丰富的国家之一，但现在有5000多种高等植物接近濒危。每天我国的野生生物物种至少有一个濒临危机甚至灭绝，农作物栽培数量正以每年15%的速度递减。

另外噪声扰民、固体废物污染、核与辐射安全、外来物种等也严重威胁着我国的生态安全。

（二）我国生态安全问题的原因分析

1. 结构性问题突出，经济增长方式亟待转变。主要包括产业结构、经济增长动力结构、要素投入结构、排放结构、区域结构、收入分配结构等结构性问题。这些问题既相对独立又相互叠加，甚至在某些方面和行业具有巨大的放大效应。

一是产业结构不合理。其突出表现为低附加值产业、高消耗、高污染、高排放产业的比重偏高，而高附加值产业、绿色低碳产业、具有国际竞争力产业的比重偏低。经过40多年的改革开放，我国经济增速在世界主要国家中名列前茅，对世界经济的贡献率超过30%。我国供给体系产能巨大，220多种主要工农产品生产能力稳居世界第一。但必须看到，我国的经济结构，特别是产业结构依旧存在很多问题，我国生产能力大多数只能满足中低端、低质量、低价格的需求，过剩产能大量存在。一些关键核心技术受制于国外，一些重要的原材料、关键零部件、高端装备、优质的农产品依赖进口，现代旅游、体育、健康、家政、养老、医疗尚不能满足居民需要，发展不平衡不充分的问题尚未解决，现代经济治理体系尚未建立。

二是区域结构不合理。目前，我国城镇化率尤其是户籍人口城镇化率偏低，且户籍人口城镇化率大大低于常住人口城镇化率。区域结构的另一个问题是区域发展不平衡、不协调、不公平。主要表现在有些地方享有很多“特权”政策，很多领域竞争不充分，形成垄断，有些地方发展严重滞后。

三是要素投入结构不合理。我国经济发展过度依赖的要素投入是土地、劳动力、能源等，而人才、知识、信息、技术等高级要素投入偏低，这是我国中低端产业、资源能源消耗过多产业偏多的主要原因。

四是排放结构不合理。二氧化碳与“三废”（废水、废气、废渣）等排放比重偏高，排放结构不合理是导致资源环境压力大的重要原因。

五是经济增长动力结构不合理。过度依赖投资为甚。制度变革、结构优化和要素升级（对应着改革、转型、创新）“三大发动机”才是经济发展的根本动力。

六是收入分配结构不合理。其主要表现是地区、行业、城乡收入差距偏大，财富和利益获得渠道过度集中于少数人手中。

总之，我国的经济发展方式尚未从“高投入、高消耗、高污染、低产出”的传统粗放型经济发展模式走出来，央企和省企等虽转型力度较大，成果显著，但部分乡镇企业、村办企业和个体企业依旧延续着“高投入、高消耗、高污染、低产出”的模式。有资料显示，我国单位资源产出水平仅相当于日本的1/20、美国的1/10、德国的1/6，单位GDP能耗是世界平均水平的2.5倍，“三高一低”的产业结构和经济增长方式，直接导致能源大量消耗、资源短缺、投入加大、污染增加和环境破坏。这种增长方式延续了“先污染、后治理”“边污染、边治理”思路，甚至为经济发展不惜以牺牲生态为代价，曾经一个时期内，有些地方单纯认为GDP的增长就是经济增长，将GDP的增长等同于经济的增长，盲目以GDP规模大小论政绩。这种“GDP增长”的政绩观和增长观严重忽视了生态承载力，是导致资源浪费、能源短缺、环境破坏、引发社会矛盾的直接根源，与可持续发展观、永续发展思想、生态保护思想背道而驰。

2. 生态意识薄弱，生活方式亟待改变。随着经济发展水平的提高，人们的生活方式、消费理念发生转变，追求超前、过度、享乐、纵情式的消费方式渐成时尚。这种非理性的生活方式和消费模式对千疮百孔的生态环境无疑是雪上加霜。以耗费无限资源、罔顾生态的承载力，单纯追求物质上的享乐和刺激来满足当下的欲望，是造成资源能源的浪费、大量垃圾产生、生态恶化、自然破坏的重要原因。

3. 生态治理任务繁重，生态方式亟待完善。目前，生态治理存在的主要问题有：

一是生态治理参与主体的多元化合力不够。生态治理需要多元主体共同发力，政府主管部门、环保专家学者、环保组织、社会公众、新闻媒体、相关企业都是生态治理的重要力量。只有这些主体共同发挥作用，才是真正意义上的生态治理。当下各方参与主体参与程度不高、参与能力不足依旧是困扰生态治理的重要问题，政府作为生态治理的主体作用也没有得到充分发挥。因此，“坚持全民共治、源头防治”“构建政府为主导、企业为主体、社会组织和公众共同参与的环境治理体系”，[①] 形成生态治理合力，是实现生态治理体系现代化的前提。

二是生态治理主体间平等协商机制没有形成制度化。参与生态治理的各主体间还没有构建起平等协商机制，参与生态治理的各个主体的利益或诉求难以保证，政府处于强势地位、其他主体处于弱势地位，治理的“一言堂”和形式主义依旧存在，其他参与主体的生态利益或诉求很难得到保障。

三是生态治理主体责任分工尚未明确化和体系化。参与生态治理的政府主体、市场主体和社会主体的生态治理主体的权利、义务和责任还不清晰，还未真正形成分工合理、协调配合的责任制度体系。

四是生态制度的体系化和国际化还没形成。要实现生态治理体系和治理能力现代化的目标，亟待建立完善的生态文明制度体系，如建立健全源头保护制度、损害赔偿制度、责任追究制度、生态修复制度等，还要注意生态文明制度体系和标准体系与国际标准接轨相融，要从全球视野出发，与世界各国和民间组织开展生态保护和生态治理的国际合作，学习借鉴发

---

① 习近平：《决胜全面建成小康社会　夺取新时代中国特色社会主义伟大胜利》，人民出版社 2017 年版，第 51 页。

达国家生态治理的经验和做法，汲取教训，不断提升我国生态治理水平和生态文明建设的层次性。

五是生态治理手段亟待多样化。当前政府的行政手段在生态治理中几乎是最主要和唯一的手段，严重忽视了其他治理手段在生态文明治理中的作用，这是造成生态治理效果不佳、可持续性不够的重要原因之一。因此，除了行政手段之外，经济手段、法律手段、文化手段、教育手段、科技手段也是生态治理的重要工具，它们与行政手段要相互作用、相互促进，建构一个完整、科学、规范的手段体系，才能实现生态治理能力和治理体系的现代化。

六是生态治理亟待法治化。从生态文明的建设内容、任务和目标的要求出发，要建立健全生态文明制度体系和法律体系，如生态经济法体系、环境教育法体系、污染防治与生态建设法律体系，加强环境执法司法和监督，培养公众的环境法律意识，建构环境法律文化，培养环境法律人才，形成生态文明精神。

第六章　生态文明意识的培育路径与对策

培育公众生态文明意识是生态文明建设的一项重要任务。生态文明建设是一个系统工程，既需要环境技术和生态工程技术不断创新，建立健全生态文明法律法规体系，又需要建构生态文化体系，特别是培育公众生态文明意识。形成观照人与自然协调共进的现代生态意识和生态价值观，是生态治理和生态文明建设的关键环节。

一　生态文明意识

培育生态文明意识是生态文明建设最基础性的工作。生态文明意识的培育，是政府、学校、社会和家庭共同的责任和义务。生态文明意识的培育是形成新型生态理念、生态责任、生态法治的前提和基础。

（一）生态文明意识的形成

在全社会范围内培育公民的生态文明意识，是生态文明建设最基础性的一项工作。生态文明意识是一种理性自觉意识，是关于人类发展与生态环境保护关系的深刻领悟与内在把握，是建构生态文明建设体系的基本理念，是一套引领生态文明建设的科学意识理念体系。只有树立科学的理念和意识，才能在生态治理和生态文明制度建构上有“合德与合法”的行为。因之，形成科学的生态文明意识和观念，是指导和引领生态文明建设和生态治理的前提和基础。

“生态文明意识”的概念是在生态环境问题和矛盾愈发凸显的条件下提出的。20 世纪 80 年代以前，西方的生态学者就已开始呼吁培育公民的“环境意识”或“环境素养”等。美国著名动物学家、生态文学家和生态思想家奥尔多·利奥波德（Aldo Leopold，1887—1948）率先使用“生态意识”一词，1948年他在《沙乡年鉴》一书中指出：“没有生态意识，私利以外的义务就是一种空话，所以我们面对的问题是，把社会意识的尺度从人类扩大到大地（自然界）。”[①] 利奥波德最重要的贡献是开生态整体主义的先河，其首创的大地整体观、荒野的价值观、生态保护观和生态观教育，标志着生态整体主义的正式形成，是对数千年人类中心主义思想和征服意识之弊端的至深反思，表明人类开始超越自身中心化的局限和困扰，并基于生态整体的宏观视野来思考和审视人与人、人与自然界的内在关系和发展规律。

利奥波德认为，生态教育之基本目的是让公民了解自己在生态系统链条中的地位。培养公民的生态意识，树立生态整体观念，形成和持守有利于生态整体和谐、稳定的价值标准和尊敬、热爱自然的伦理关怀和生态责任，为保护生态系统完整和美丽而尽心尽责，并在理解自然、欣赏自然中获得生态审美的愉悦，是人类生态教育所追求的目标。利奥波德还认为，学校在生态观教育和生态意识培育中有首要作用，与此同时，文学艺术、社科研究、新闻传媒和政府机构皆肩负着普及生态意识的责任和义务。总之，只有经多部门、不同类型、全方位的生态观教育，才能培养起公众的生态意识和生态整体观，才能从根本上解决人与生态环境的冲突与矛盾，逐步化解生态危机和环境问题，建构人与自然和谐相处的生态文明。

公众的生态意识进入政府和公众的视野，要追溯到美国海洋生物学家雷切尔·卡逊，其《寂静的春天》的出版，标志着生态问题引起政府治理和公众参与的双重重视。20世纪上半叶，正值美国工业文明甚嚣尘上，河水变污、空气变脏、杀虫剂肆无忌惮地洒向所有不设防的生命，传统工业生产方式和资本追求方式，给人类文明带来巨大的负效应。卡逊目睹这一状况，希冀还原事实，告诉公众真相，引起政府的重视，因为污染既是对人类健康的潜在危害，亦是危及野生生物环境的危害，野生生物需要一个人类友好的世界。卡逊在《寂静的春天》一书指出：人类的过度征服和改造自然，导致人与自然关系的紧张，农药的过度使用导致人类之害和

① ［美］奥尔多·利奥波德：《沙乡年鉴》，侯文惠译，吉林人民出版社1997年版，第122页。

环境危机频现。这是当代人关于环境与人关系的反思，亦是环境责任、义务和良心问题之拷问，更是对树立环境意识的呼唤。

1968 年罗马俱乐部成立，以思考经济增长导致的环境问题为主旨，1972 年出版了研究报告《增长的极限》。46 年后重新审视书中论及的问题——全球性问题，如人口问题、粮食问题、资源问题和生态环境问题等，已成为世界各国政府、智库、学者和公众共同关注和亟待解决的重大问题。思想家的呐喊与呼吁，实质是对人类树立生态意识、环保意识的呼唤和期盼。

20 世纪 80 年代末，西方生态思潮东渐和我国生态问题凸显，学者和政府管理者逐渐开始关注生态问题和环境问题，如何培育公众的生态意识成为政府关心的重要问题。

1992 年，全国首次环境教育工作会议强调："加强环境意识培育，提高人们的环境意识，正确认识环境及环境问题，使人的行为与环境相和谐，是解决环境问题的一条根本途径。"① 自此，树立生态环境意识，正确处理人与自然环境的关系，成为政府、社会、公众的共同认知。对生态文明意识及其相关概念的认知成为这一时期的中心。

党的十八大以来，生态文明的理念、制度、行为及其治理体系和治理能力的构建，都是以生态文明意识的转变为前提的。党的十八大报告指出，"加强生态文明宣传教育，增强全民节约意识、环保意识、生态意识，形成合理消费的社会风尚，营造爱护生态环境的良好风气"。② 党的十八届五中全会提出"十三五"时期必须贯彻"绿色发展理念"，将生态文明理念和生态文明意识作为坚持节约资源和保护环境的前提，形成生产发展、生活富裕、生态良好的文明发展道路，必须首先树立生态文明意识和生态文明理念，特别是要树立资源节约意识、环境友好意识、人与自然和谐发展意识、美丽中国意识和生态安全意识。③

---

① 曲格平：《曲格平》第 6 卷，中国环境科学出版社 2007 年版，第 9—10 页。

② 胡锦涛：《坚定不移沿着中国特色社会主义道路前进为全面建成小康社会而奋斗》，人民出版社 2012 年版，第 39、41 页。

③ 参见《中国共产党第十八中央委员会第五次全体会议公报》，人民出版社 2015 年版，第 11 页。

（二）生态文明意识的构成要素

生态文明意识是关于生态文明的观念系统。生态文明意识系统是内含着多种意识、观念、理念的元素，是一种涉及生态问题方方面面的观念体系，内含着关于生态文明的基本理念、评价标准、发展方式、价值指向、目标追求等构成要素。

一是生态政治意识。生态环境状况事关我国经济社会的可持续发展，是实现国家治理体系和治理能力现代化，事关人民利益和人民幸福的重大政治问题。这就要求党和国家的政治活动议题，必须将生态环境问题和生态文明建设放在突出位置，而且要融入“五大建设”之中。要直面生态问题，破解生态难题，将生态文明建设融入政治文明建设中，将其作为党和国家政治活动的基本出发点。从生态学原理出发，根据生态文明建设顶层设计的要求，探究人、社会、自然和谐发展规律、体制和机制，树立生态政治意识，党和国家须将生态文明作为新时代中国特色社会主义建设的一项重要政治任务。因之，党和政府须将生态利益视为人民群众根本利益之一，将生态文明建设的路线方针政策及其理念、理论、观点诉诸公众，从制度基础、舆论环境、社会氛围和政治保障等方面，形成生态文明建设的强大力量。要在党的领导下，加强生态立法、生态执法、生态司法、生态普法和生态监督，使生态文明建设成为符合发展中国特色社会主义的政治形态。“新发展理念”“生态文明”“美丽中国”载入新宪法，成为建设社会主义现代化强国和“实现中华民族伟大复兴”① 重要内容就是明证。

二是生态经济意识。产业经济的繁荣发展是社会形态形成发展的基础。中华民族伟大复兴，富强民主文明及和谐美丽的现代化强国目标的实现，生态文明建设是其重要内容。生态文明建设既需要产业经济行为文明，又需要发展方式的文明。生态文明建设之于经济层面，要求经济活动和生产行为，都要从生态学原则出发，既考虑当代人的生存发展需要，又考虑自然环境的休养生息，以满足子孙后代生存发展需要。生态经济意识要求把经济发展建立在生态环境可承受的基础之上，实现经济发展、生态

---

① 《中华人民共和国宪法修正案》，法律出版社 2018 年版，第 58 页。

保护、社会和谐的“多赢”，建构经济、社会、自然良性发展的复合型生态发展系统，树立经济效益、社会效益和生态效益相统一意识，坚持走建立绿色发展之路，实现经济发展与自然发展的和谐统一，坚持依靠科技创新，推进供给侧结构性改革，提高资源能源利用效率，将人与自然的和谐作为经济活动的根本大计。要培育产业经济和经济活动“绿色化”、无害化意识，形成生态环境保护产业化的意识。就目前的情况而言，提高环境保护意识，发展绿色经济，优化经济结构和产业结构，转变生产方式和经济增长方式，加强生态工业、清洁生产、循环经济和环保产业建设，让“绿色标志”嵌入公众之心，成为公众消费的习惯和时尚，生态经济意识养成就会水到渠成。

三是生态文化意识。文明是文化的积极部分。生态文明建设指向的文化层面是建设生态文化。在生态文明建设中，生态文化意识是最具引领价值的意识。生态文化是一种新型文化，是基于人与自然关系而形成的现代文化。生态文化是人类思想观念的深刻变革，是对自然规律、自然法则和自然权利的尊重和认同。它不仅预示着人类文明发展的转型，即扬弃传统工业文明，进入文明的高级阶段——生态文明，也表明人类生产和生活方式还必须适应自然法则要求。影响生态的因素有很多，其中文化具有潜移默化的力量，生态文化是保护生态环境中形成的思想、方法、组织和规划的行为、意识和文化设施。生态文化意识形成是生态文明建设的前提。生态文化建设内容包括：生态道德、生态美德、生态审美、生态教育、生态科技、生态文艺、生态传媒、生态哲学、生态宗、生态管理等。

四是生态社会意识。经济高速发展与环境承载力的矛盾是掣肘生态文明建设的核心问题。环境问题涉及所有国家、民族和种族，任何国家、民族和种族概莫能外。将生态文明建设融入“五大建设”，要求党和国家必须加强社会生活领域的生态文明建设，重视和加强社会事业建设，引领生态生产方式的发展，将生态、环保、绿色、文明、和谐作为生态社会意识的主要内容，创造良好的社会生活环境，优化“人居”生态生活环境，实现生产方式和消费方式的生态化。

五是生态消费意识。当下过度消费、超前消费、奢侈消费、炫耀性消费、野蛮消费等现象，比比皆是。这些消费模式和习惯是生态问题加剧、生态危机加重、掣肘生态文明建设的一个重要原因。归根到底，生态危机是生产方式和消费方式危机导致的人与外部自然界关系的危机，而人与自然界关系危机又加速了生产危机、经济危机和社会危机。因此，要树立正确的生态意识，必须树立正确的生态消费观和生态消费意识。政府管理层、企业家群体和公众不能仅仅视生态环境为消费对象，而应该视自然万物为地球上平等的一员，将生态环境作为人类自己的家园。要建立生态消费意识激励机制，培育公众的节约意识、平等意识、公平意识、保护意识、危机意识，养成科学消费、理性消费、节约消费、文明消费的习惯行为。总之，用生态意识和生态理念引领公众的消费，形成科学的消费行为和消费方式，是生态消费意识的题中应有之义。

六是生态价值意识。无论是政府的治理行为还是公众的消费行为，都是特定价值指向和价值追求的行为，都是带有特定目的和价值追求的行为。不断骚动的价值选择和价值追求，已使不少人的追求不再是自然需要的满足，而是追逐更大利益甚至实现利益的最大化。这种价值追求的驱动，使人类贪婪地向大自然索取，甚至超越自然极限获取自身利益的满足，这是导致环境破坏、资源短缺和生态失衡的根本原因。因此，人与自然界的关系必须重新调整，人类的价值观亟待自觉矫正，环境友好型社会亟待建立。生态价值意识是人类将自我生存意义的体认和领悟诉诸生态环境，公正平等地看待生态环境的存在意义和价值，将生态环境的生存意义即生命意义寓于人类存在的意义。生态环境和人一样，都是一个生命体，不同的是人既是一个自然存在物，又是一个超自然存在物。人作为自然存在物，必须维持肉体生命的生存，实现维系自我发展的物质追求；作为超自然存在物，不能仅仅视物质追求为生命的全部，应在超越物质功利化的需求基础上，实现自我超越，完成人类独有的精神价值追求。因之，科学的生存价值观应超越单纯的功利观念和纯粹的欲望满足。因之，唯有树立生态价值观，才能遏制生态掠夺肆虐行为，实现生态文明的目标。

七是生态权利与义务意识。斩断人类野蛮的征服思维，遏制传统工业文明的掠夺式的开发和经营，给人类赖以生存的土地、水源、矿产、能源、森林、草地、生物以休养生息，成为生命的存在，走出资源枯竭、环境危机四伏和人类无情报复的困境，走出人对自然界野蛮掠夺和自然界对人无情报复的怪圈，必须树立生态权利和义务意识。人有利用自然界的权利，也有保护自然界的义务。在人与自然的关系上，权利与义务是高度一致的。因之，根据生态文明建设的要求，树立一种崭新的权利意识与义务意识，实现人类行为自觉道德化和法治化规制有重要的现实意义。这种自觉化的规制就是古希腊和中国先秦儒家共同倡导的责任伦理。这种责任伦理要求人类将自然作为改造对象的征服意识转化为人与自然界相融相依的关系，将大自然视为人类赖以生存的唯一家园，掠夺自然就是自伤人类的身体和家园，这是一种生态文明指导下的生态伦理精神，是人类自觉规范和约束自己行为的权利与义务意识。

二　生态文明意识的基本特征

生态文明意识是一种自觉意识，它有基本理念、价值指向、目标追求、评价标准和发展方式等。生态文明建设和生态文明制度建构中，生态文明意识具有强大引领作用。作为一种观念性的存在，完整的生态文明意识系统具有宏观和微观两个部分，具有以下特征。

一是系统性和整体性。生态文明意识是关于生态文明的理性自觉意识，是经济发展与人类发展关系的深刻领悟与内在把握，是构建生态文明的基础理念，是引领生态文明建设的一套科学的意识理念体系。由宏观层面观之，生态文明意识既包含着生态经济意识、生态政治意识、生态社会意识、生态文化意识，又包含着生态科学意识、生态发展意识、生态改革意识、生态管理意识等；从微观层面观之，生态文明意识既包括生态消费意识、生态和谐意识、生态伦理意识、生态价值意识，还包括生态责任意识、生态义务意识、生态公平意识、生态权利意识等。强调人与自然关系的整体性、统一性和生态文明及其制度设计的系统性，是生态文明意识的重要特征。

二是能动性和自觉性。生态文明意识能反作用于生态文明实践，能基于理性和自觉意识创制生态文明制度，可以能动地反思传统“以人为中心”的价值观，自觉地敬畏自然生态价值，以“万物与我为一”、人与自然一体的境界和眼界，保护生态环境、反省自我的行为，以应有的生态保护责任，实现生态保护的自我调控，如《中庸》直达的目标，“惟天下至诚，为能尽其性，能尽其性，则能尽人之性，能尽人之性，则能尽物之性，能尽物之性，则可以赞天地之化育；可以赞天地之化育，则可以与天地参矣”。生态文明意识的能动性和自觉性是生态文明建设及其制度创设的重要动力，是人类能动、自觉地处理人与人、人与自然关系的内生力量。

三是引领性和和谐性。生态文明意识是生态文明及其制度设计的价值导向和精神支撑，是绿色发展、可持续发展和全面发展的理念引领，是建构生态文明社会的精神依归和伦理基础，也是培育公民生态理念、生态责任、生态法治的重要前提和基础。人与自然关系的和谐，是国家社会一切和谐关系形成的基础。生态文明意识是人类对传统工业文明的理性反思意识，是人与自然在更高阶段和谐相处、共同发展的意识。

二 生态文明意识的现状

（一）生态文明意识缺失的表现

生态文明意识是一个国家或社会生态文明建设的重要指标体系。节约资源和保护环境已上升为基本国策，尤其党的十八大以后，我们制订了节约优先、保护优先、自然恢复为主的生态文明建设策略。从基本国情出发，根据新时代的要求，以美丽中国建设为目标，将正确处理人与自然关系作为生态文明建设核心，将破解生态环境问题作为价值导向，以国家生态安全、环境质量提升、资源利用效率提高为基本手段，以人与自然和谐发展为价值目标，生态文明建设和生态文明制度建构取得了显著成效。毋庸讳言，我国生态保护现状、生态文明制度建构和公民的生态文明意识水平，仍存在诸多问题和不足。生态文明意识缺失是生态文明制度建构和生态环境治理的重要制约性因素。

公众生态文明意识缺失主要表现为：

一是尊重自然、顺应自然、保护自然的意识缺失。生态文明意识包括尊重自然意识、顺应自然意识、保护自然意识，它不仅是经济持续健康发展的影响因素，也是经济、政治、社会、文化建设的重要因子。把生态文明意识放在生态文明建设的突出地位，并与经济建设、政治建设、文化建设、社会建设的思想意识有机结合，形成“五大建设”的科学思想意识体系有重要现实价值。

二是发展和保护相统一的意识缺失。要树立经济发展与环境保护相统一的意识，以“创新、协调、绿色、开放、共享”的发展理念，指导经济发展和引领生态保护。发展和保护相统一的生态意识，与全面建成小康社会的要求相契合，与人民群众热切期盼在发展中有更多获得感的新期待相呼应，是我国改革开放40多年经济发展和生态保护的成功经验，是我国经济社会的发展模式、发展机制、发展路径、发展实践、发展理论重大创新的重要内容。但遗憾的是，以往的发展理论、发展实践、发展方式与绿色发展、循环发展、低碳发展、可持续发展并不兼容。经济发展和生态保护互为因果、相互促进、共同发展，科学解决发展和保护的关系，在实现经济可持续发展的同时，给自然环境以休养生息的机会，实现自然环境的可持续发展，是生态文明建设的重中之重。经济发展与生态保护统一意识缺失的主要表现是，政府、社会、公众基本层面的生态优先、发展与保护相统一的意识尚未真正形成，这是掣肘生态环境治理的重要因素。

三是绿水青山就是金山银山的理念缺失。美丽山川、肥沃土地、清新空气、清洁水源、多样性物种是人类生存必需的生态环境。坚持发展是第一要务，必须保护自然生态之江河湖海、森林草原、多样性物种。但时至今日，这一理念仍没有被自觉接受，环保部督查出的问题，令人揪心。

四是自然价值意识缺失。自然具有价值性，保护自然亦即增值自然价值，是保护和发展生产力。目前，部分地方政府、企业和公民自觉保护自然的意识淡薄，主动保护生态环境的境界低下，只重眼前的经济利益和经济价值，偏重经济增长当下指标，尚未充分认识到自然的价值属性，更未意识到保护自然亦是增值自然价值的重要意义。

五是均衡发展意识缺失。政府、社会、企业、公众尚未真正认知人口、经济、资源、环境的内在机理和贯通机制，经济增长速度不能超出水、土、资源、环境承载能力，生产扩张规模不能超越环境容量的均衡发展意识尚未真正形成。

六是人与自然是生命共同体的意识缺失。生态系统具有整体性、系统性的特点。要树立人与自然是生命共同体的意识，必须统筹考虑人与自然生态各要素的关系，给予人的生命与自然的生命平等地位，在环境整体保护、综合治理基础上，实现自然环境的系统修复，增强生态系统的循环能力，达到人与自然发展的平衡。

七是生态公正、道德、责任、法治、审美、忧患意识缺失。公众的生态价值意识，生态责任意识、生态道德意识、生态审美意识欠缺，生态忧患意识、生态科学意识、生态消费意识、生态权利义务意识，与生态文明建设和生态文明制度的要求相去甚远。

（二）生态文明意识缺失的原因

一是人类中心化价值理念的拘囿。从农业文明以来，人类始终认为自己是自然界的主人，唯我独尊，以征服者和改造者的身份，凌驾于自然界万物之上，以致将工业文明推至极致，导致环境破坏、生态失衡、资源枯竭，人类赖以生存的空气、水和土壤污染严重。承载我们生存的地球千疮百孔，增长极限的惩罚和寂静春天的不在，根源在于由人类中心主义价值理念拘囿而形成的前工业文明架构下不可持续、非绿色的发展方式。

二是发展理论和发展实践的误导。第二次世界大战结束后，亚洲、非洲、美洲出现的一些新独立的国家，主动开放国内市场，加强对技术和外资的引进，开放国内港口，在提供廉价劳动力和廉价资源的基础上，实现了一个时期内经济的高速增长，但因发展理论和发展模式的误导，众多后发国家都陷入了“低收入陷阱”或“中等收入陷阱”。经验和教训告诉我们，立足国情，根据本国实践，深化经济社会体制改革，加快转变发展方式，才能避免陷入“低收入陷阱”和“中等收入陷阱”。传统的发展理论和发展实践，是导致资源过度消耗、生态严重破坏、部分行业产能过剩的根源，亦是生产效率低下、产品结构失衡和科技创新力不足的重要原因。因之，数量型的发展方式（高速甚至超高速增长）无法成为常态，其生态后遗症和生态欠账难以在短时间内解决。

三是生态教育滞后。我国生态教育和生态文明教育晚于西方发达国家，还没有形成生态素质的有效养成机制、生态文明文化有效传承机制，学校生态教育体制机制尚未真正建立起来，以至于学校生态教育的针对性、系统性、有效性缺失；公民生态教育的体制机制也没有形成，公众生态教育的社会化机制尚未建立，表现为生态教育社会程度普遍较低，生态教育的全民性、终身性和可持续性方案缺失；生态教育方法、路径、方式和策略亟待形成，生态教育的多样性、灵活性、普及性方式缺失；生态意识教育的课堂教学方式、社会教育方式、媒体教育方式尚未形成合理机制，生态教育的实践方式缺失。生态文明教育是建设美丽中国、实现中华民族伟大复兴中国梦的基础性工程，是学校教育、社会教育和全民教育的重要内容，是生态文明建设的基础工程。

四是生态价值观偏颇。传统工业文明的价值观忽视自然的权利和价值，将人的价值置于中心位置，人是一切价值的标准。在这种价值观的视域中，人与自然关系是分裂和对抗关系，人类只承认人自己具有内在价值，而否认非人类等一切自然物的内在价值，导致自然及其物种的平等权利、道德关怀缺失。现代生态价值观是人类价值观的革命，这种新型价值观将人类生命抑或非人类生命都作为道德关怀的主体，将宇宙万物都视为有内在价值的生命主体，人类和非人类等有生命物种是一个完整生命共同体。在这个共同体中，人类与非人类彼此进行物质、能量和信息的交换以获得自身进化的动力。应该指出的是，地球生物圈之于人类和非人类以及其他生命物种都具有环境价值。人类道德关怀的范围既包括人类及其生态环境，也包括非人类及其生态环境。这种现代新型生态价值观具有普遍性和平等性特征，是对传统工业文明价值观的超越和补正。

三　生态文明意识培育的路径

生态文明建设能否转化为公众实践行为、自觉意识、文明素质，关键在于加强生态文明意识、生态文明知识、生态文明道德、生态文明法治、生态文明审美的国民教育和自我教育。纠正传统的人类中心主义价值观，改变传统发展方式，以生态优先，生态文明融入经济、社会、文化、政治文明之中，实现观念层面和制度层面的生态教育，提高整个社会生态文明的实践能力、自觉意识，将生态意识内化为公民的内心信念，成为公民素质重要组成部分，是培育生态文明意识的重要路径。

（一）建立生态文明意识培育的有效机制

一是建构立体性生态文明意识的培育机制。生态意识培育是公民文明素质培育的重要内容，是社会主义核心价值观的基本要求。在全民化和社会化的生态文明意识培育中，应将生态责任教育、生态权利教育、生态公正教育、生态美德教育、生态法治教育，作为公民生态人格教育的基本内容。建立全民化和社会化的培育机制，其目的是将生态文明意识的培育投射到经济、社会、文化、政治等各个层面，成为国家、社会、政府、企业、社会组织和公众日常教育的主要内容。当下，生态教育和生态文明教育的体制机制尚未真正建立，生态教育的各种制度体系尚未真正形成，生态文明意识的培育机制亟待完善，生态文明意识培养的方式、方法和路径还有许多不足，公民生态意识的全民性和终身性教育理念还没真正内化于心、外化于规。简言之，只有形成全民化和社会化的培育机制，并将其纳入五大文明体系，才能实现生态文明意识培育的目标。

二是注重培养公民生态“真、善、美”的意识。生态科学、生态伦理学、生态美学是培育公民生态意识的重要手段，是公民人格塑造的基本要素，生态科学、伦理和审美教育，是贯穿国民教育全过程的教育，是融入经济、社会、政治、文化中的综合教育。为此，我们要通过培育生态科学意识，建构生态科学教育的长效机制，形成审视自然和生态实践的科学理性行为；通过培育生态伦理意识，构建生态伦理教学的制度体系，形成公民自觉遵守生态道德，尊重生态道德权利，承担生态道德义务的社会氛围；通过培育生态审美意识，建构生态审美的引导机制，形成公民生态审美观念、思想和情趣，构建美丽教育的长期战略。

三是注重培养公民健康、适度的消费意识。公民消费方式的生态化是生态消费意识养成的结果。培育健康、科学、适度的生态消费意识，首先，培育公民的资源节约意识、充分利用意识、合理开发意识、集约适度意识；其次，形成需求和消费保持张力的科学性认知，使现实消费需求与生态环境的承受力达到和谐发展的均衡状态；再次，建构形成生态消费意识的文化机制，打造优化消费环境制度机制，形成提倡节俭、简约、健康的消费理念和消费价值引导机制；最后，建构生态化、科学化、健康化生态消费的评价机制，建构超前消费、奢侈消费、炫耀消费、盲目消费的检查督导机制，建构生态文明和生态消费需求的褒奖机制，建设生态消费文化和生态精神文明的交互贯通机制，拒绝奢华物质消费的快乐主义思想，养成健康、科学、适度的绿色消费意识和绿色生活方式。

四是注重运用多样性教育手段。注重运用多样性教育手段，拓展公民生态教育方法，是实现公民生态意识教育普及化的有效举措。首先，生态文明理论研究者要根据国家生态文明建设的总体部署，认真研究生态教育的发展规律，探究生态文明教育的发展路径，从学理上审视人、社会与自然三者的内在关系，形成生态文明意识培育的学理支持和理论支持机制，为公民参与生态文明建设、接受生态文明教育、提高生态文明素质出谋划策；其次，要积极探索大众喜闻乐见的话语体系和语言风格，建构生态知识、生态意识、生态科学的教育传播机制，将生态文明教育融入公民日常生活和生产实践之中；最后，充分利用新媒体、大数据、人工智能等现代教育手段，宣教普及生态文明，实现生态文明教育手段的现代化和制度化。

五是注重提升道德精神。生态文化是生态文明的文化载体，是正确处理人与自然关系、实现人与自然协同发展的文化形态，是现代生态文明成果和智慧的重要载体，是生态文明建设不可或缺的软实力。公民生态意识和生态文化互为前提，二者相互作用、相互促进、共同发展。因此，建构公民生态意识培养机制和弘扬生态文化的制度体系需要同步进行。目前生态道德素质、生态道德责任、生态道德义务、生态道德良心的养成和培育必须综合施策、同步推进，唯有如此，生态文明建设的思想道德基础才更加牢固。要构建发展生态文化产业激励机制，鼓励企业生产绿色环保的文化产品。要建设生态文化发展政策机制，以制度建设和政策制订保证生态文化发展导向，统筹考虑生态环境指标、生态经济指标、生态社会目标和生态文化指标的内在关联，以生态文化精神引领人与自然的和谐发展。

六是要注重普及生态文明知识。生态文明知识包括生态文明生产、生活知识，还包括生态学知识、生态景观知识、生态法律知识、生态道德知识、生态美学知识、生态宗教知识等，是生态文明建设的智力支持。因之，建构生态环境知识的普及机制和传播机制，是生态文明教育的重要向度。

七是要注重增强生态文明能力。根据生态文明建设的需要，从加强生态文明教育，特别是加强生态法治和生态道德教育入手，是增强生态文明能力的关键。公众的生态文明能力，既包括关于生态问题的选择能力、生态问题判断能力、生态问题评价能力，又包括关于生态问题的认知能力、生态问题的行为能力、生态问题的实践能力，还包括生态法律执行能力、生态道德的遵从能力等。总之，建构提高生态文明综合能力的制度体系，形成公众自觉增强生态文明能力的动力机制，是实现生态治理能力和治理体系现代化的重要举措。

（二）构建德法共治规范约束机制

德治与法治是国家治理和社会治理最常用的规范体系。实现生态治理体系和生态治理能力现代化，需要政府、社会、企业、公众综合施策、多管齐下、协同治理。在所有的治理方式中，德治和法治的作用最为明显。因之，正确认识德治与法治的辩证关系，建构德法共治的治理约束机制，具有优先价值。德治是“软约束”，凸显柔性特征，与法治相比，更具特殊的自我控制和约束力。毋庸讳言，德治在社会治理方式中作用凸显。社会的有序发展、协调演进，社会成员之间各种利益关系的调节，都离不开道德规范、道德原则和道德评价的作用。实现生态治理体系和治理能力现代化，有效长期化解人与自然的矛盾，形成人与自然和谐发展的关系，既需要道德规范的约束，也需要伦理精神的引领。换言之，要破解经济发展与资源短缺的矛盾、经济增长与环境承载能力的冲突、物质消费增长与生态产品供给不足的矛盾，亟待发挥德治在生态治理中的作用。所以，要用生态伦理培养公众的道德自觉和道德责任，将生态伦理精神融入生态治理之中，用德治规制人的行为和活动，使之“合德”。

法治是一种“硬约束”，具有刚性和强制性特征。实现生态治理体系和治理能力现代化，是生态治理的法治化应有之义。法治用强制性和刚性规范约束人类的生态行为和生态活动，必须遵循或服从是法治的基本要求。法治是外在的约束，属于“他律”。良法善治是维系人与自然关系的关键，是维系生态权利和义务的根本，在生态治理中，法治有德治不可替代的功能和作用。

综上所述，生态治理需要综合施策、多管齐下。在多种治理方式中，德治和法治的作用凸显。因之，发挥德法共治的作用，增强公众生态文明自觉性，从培养“道德人”“法律人”出发，使“经济人”成为真正的“文化人”和“社会人”，才能消除生态失范行为，提高社会生态文明素质，提升社会生态文明水平。

（三）统筹生态行为的治理

生态治理具有理论性和实践性，是认识自然、开发自然和利用自然的行为。实现统筹生态治理的目的，既要持续开展生态文明教育，又要坚持德法并举，用道德和法律保证生态治理的有效进行。

首先，要加强生态实践环节的治理，将生态实践作为生态治理的重要途径。将生态社会实践纳入生态文明建设全过程，以实践强化生态的价值、功能、作用。探索生态文明建设的社会实践途径，通过社会实践实现生态治理阶段性目标和最终目标。社会实践是生态治理思想、理念、意识及其德治法治思想产生的源泉。

其次，生态社会实践是克服人与自然异化问题，实现人与自然平等公正和谐发展的基础。基于生态文明的要求，加强生态社会实践，在实践中形成科学的生产方式和生活方式，既要将低碳生活、适度消费、集约生产作为生态实践的主要向度，又要将清洁、循环、环保、永续目标作为生态实践的方向，并在生态实践中培养健康的生活方式、科学的消费方式、文明的交往方式、和谐的社会方式。简言之，将生态社会实践作为人类基本生活行为，是实现生态治理目标的重要途径。

再次，生态社会实践活动，既需要正确生态理论和先进生态文化的支持，也需要包括法治和德治在内的各种制度的规制。一是传统媒体和新兴媒体要不断拓展生态文明理论、思想的传播渠道，增强公众生态服务意识，将生态文明建设的政策方针和制度作为宣传的主要内容，为生态社会实践创造良好的舆论环境和社会氛围；二是专家学者要加强对生态文明跨学科相关课题的研究力度，为生态环境保护和生态治理建言献策，为生态文明建设的制度设计提供理论依据和智力支持。

最后，各级政府应主动调整经济结构，加快新旧动能转换，将解决生态环境问题作为行政考核的主要内容。要加强生态环境保护的立法、执法、司法和普法力度，统筹推进生态“天然林保护工程”“退耕还林工程”“野生动植物保护和自然保护区建设工程”“湿地公园工程”等，将生态文明与物质文明、政治文明、精神文明、社会文明建设协同推进、共同发展，不断深化生态治理和生态文明建设，尽快实现建设美丽中国的目标。

总之，实现中华民族伟大复兴的中国梦，既要实现人与人关系和谐的价值目标，又要实现人与自然关系和谐的价值目标。生态文明建设的理念体系、生态文明建设的结构形态、生态文明建设的路径选择和生态文明建设的制度设计，是实现生态治理体系和治理能力现代化的重要内容。统筹推进经济、社会、文化、政治和生态等各个层面建设，建构生态文明建设的经济、政治、文化、社会的良好环境，让公众自觉树立认识自然、尊重自然和保护自然的生态意识，是生态文明建设的根本之举。

四 公众生态文明意识培育的建议

基于我国生态文明建设和生态环境治理的要求，根据我国公众生态文明意识发展现状、发展阶段和发展趋势，我们认为提高我国公众的生态文明意识，必须从以下六个方面着手。

一是构建提高公众生态文明意识的支持机制，加大生态文明建设的宣传教育力度。生态文明意识培育，涉及政府、社会、企业各个层面的人群，生态文明宣传教育的渠道、平台要点多面广，宣传教育的方式要多种多样，宣传教育的内容要丰富多彩。

首先，构建公众生态文明意识培育的支持机制，必须加大生态文明教育宣传的人、财、物的制度化投入。

其次，要建立国家层面的生态教育人才保障制度和经费支持制度，拓展政府、企业、社会组织、生态组织、环境组织的合作范围，打造一支专业的管理队伍、技术队伍。

再次，加强生态文明的宣传教育，加强对不同层面公众的伦理和法治教育，定期开展生态保护知识和能力的专业培训。

最后，要借鉴西方绿色和平组织的做法，形成一支专兼合一、自愿奉献、积极参与的公众队伍，使生态保护意识深入民心，成为公众自觉行为。

二是建构高效生态文明公众参与机制，实现公众参与生态保护的互动格局。

第一，要建构公众参与生态环境保护和生态环境治理机制，形成全社会爱护生态环境、保护生态环境的良好风气。要完善环境信息的公开机制，建构公众环境知情权的保障机制。

第二，要加快环境立法、资源立法的步伐，健全重点项目环评听证制度，建构保障公众参与的保障制度和畅通机制。

第三，要构建生态保护公众参与商谈机制，形成政府、企业、公众定期沟通机制、协商对话机制。公众高效参与机制建设，必须走法治化、制度化、规范化和机制化之路。

第四，政府制定环境政策和环境法必须听取专家建议和公众的意见，这是生态治理的助推力、监督力。政府及相关机构要将有限资源和主要精力投射到制定相关政策法规以及健全完善的公众参与机制和程序上，变直接环境宣传教育为鼓励、资助、推动生态教育，以良法善治保障公众的表达权、参与权和知情权，推动全社会参与生态治理和生态文明建设。

第五，要构建综合、多元、全员、立体的生态文明理论研究制度和学术研究制度，推出一批国家级的研究项目，资助一批生态保护的攻关项目，优先资助生态文明建设的重大课题。

第六，要重点扶持和积极引导各类环保社会组织，在法律和道德的阀限内，充分发挥其在政府与社会之间的桥梁和纽带作用，形成多方参与生态治理的格局。

第七，要探索构建生态保护、生态治理的多方商谈机制，健全政府、社会、企业、公众沟通协商机制，将公众的环保意识和生态文明意识的培育作为重中之重。

三是利用大数据、新媒体、人工智能等新技术、新媒体、新平台，实现生态保护宣传教育的精准性、针对性、有效性。

第一，要研究现代信息传播渠道、信息传播的形式、公众获取信息渠道的新特征和新要求，探索生态保护宣传教育内容、方式，根据不同时间、不同领域、不同对象，精准发力、有的放矢。

第二，要充分发挥大数据、新媒体的作用，研究大数据和新媒体的环境信息传播、环境舆情监测、环境应急响应和公众在线互动交流、公众投诉反馈的新方式和新方法，构建现代媒体与生态治理互动机制，实现生态治理效率效果和效益的最大化和峰值化。

第三，要加强大数据、互联网、物联网、区块链、新媒体等渠道、技术、开发、应用、内容制作等商家的协商合作，加强传统媒体和新媒体融合发展和环保信息的宣传、调查、沟通、反馈、互动，要及时、快捷、透明、准确、定向地传播环保信息。

第四，生态环境保护议题要坚持公众立场。从公众建议中发现生态保护议题，生态环保信息的宣传报道要以鲜活语言和喜闻乐见的方式进行，让生态文明宣传报道符合公众的接受习惯，以提高生态文明信息传播的群众性和互动性。不同年龄阶段、不同知识层次的公众，宣教内容、形式、策略、方式要有针对性和指向性。针对老年人、农村居民，传统的电视、广播、宣传栏是有效的方式；针对青年人和学生群体，新媒体、互联网、大数据等是最重要的方式。

第五，要培育生态文化载体。目前，教育基地、文化馆、科技馆、图书馆、博物馆、海洋馆以及各种媒体是传播生态文化的主阵地。

第六，要加强生态文化教育，大力培养公众的绿色意识、生态意识和环保意识，推进绿色出行，提倡绿色生活和绿色消费，形成健康合理的绿色生活方式和消费模式。

四是健全环保教育的普及机制。将普及宣传和重点宣传相结合，探索环保教学普及有效方式，形成环保教育有效普及机制。

首先，探索城市环保宣教方式，研究山区、牧区、乡村、偏远地区的有效宣教普及机制。

其次，结合农村新旧动能转换和乡村振兴战略，探索振兴农村环保的宣教内容和宣教形式。

最后，将环保宣教内容赋予生活化的内容和寓教于乐的形式，实现构建生态环保宣教普及化机制的目的。

五是综合研究公众生态文明意识，全方位探究公众生态文明意识的培育规律。

首先，建构政府、社会、企业、公众共同参与研究生态文明意识的机制。基于生态文明建设的需要，深入探究生态文明意识形成机理、实现路径、发展规律等问题。

其次，加强生态文明意识的多学科、跨学科研究。要系统研究公众生态文明意识的动态变化规律，全时掌握公众生态文明意识波动现状，调整研究公众生态文明意识的重点、思路、方式，探究生态文明意识形成发展的内在机理。

再次，要建立生态环境保护和生态环境评估的专业调查机构、研究机构，加强行政执法部门和民间机构的有机协调，及时发布环保信息与成果。

最后，梳理环境保护的重点问题、一般问题和特殊问题以及公众关注的热点问题、焦点问题，由政府牵头主导，研究环境保护宣教的策略理论，构建宣传教育体系、评价体系和考核体系，实现生态文明宣教的制度化、规范化、常态化和机制化，为生态环境治理和生态文明建设提供理论基础和智力支持。

六是保护生态环境文化发展，鼓励公益环境艺术创作。要将生态文明宣教融入音乐、舞蹈、绘画、摄影等艺术形式中，发挥艺术创作的感染力、亲和力，凸显生态环境宣教体系艺术性。政府要引导电视、电影、摄影、戏剧、文学、漫画的生态化创作，鼓励艺术家多以环境保护为主题进行公益性创作，构建大环保文化宣传思路。

综上所述，生态文明意识是生态文明建设的先导和基础，一个国家、民族和社会生态文明意识的高低，是衡量这个国家、民族、社会文明程度高低的重要指标。建构生态文明制度，加强生态教育实践，形成生态文明意识的普及机制，健全公众环保政策和关注环保事业的支持机制，是全面建设环境友好型社会，实现美丽中国的有效途径。全社会形成环境保护意识、资源节约意识、生态生产观和生态消费观，养成生态消费意识、生态消费习惯和生态消费方式，正确处理人与自然、人与资源的关系，培育生态智慧，形成生态自觉，对生态文明建设有重要现实意义和战略价值。

第七章　生态文明的体制创新与学理认知

生态文明建设是实现中华民族伟大复兴的重要战略和价值追求，是实现国家治理体系和治理能力现代化的重要内涵。在党的十八大报告中，生态文明建设已获得与经济、政治、文化、社会建设等同等重要的战略地位，至此，中国特色社会主义“五位一体”总布局初步形成。党的十九大报告提出“要牢固树立社会主义生态文明观，推动形成人与自然和谐发展现代化建设新格局”。[①] 作为实现中华民族伟大复兴的重要内容、重要战略和价值选择，系统推进生态文明建设，加快生态文明体制改革，建设美丽中国，必须走制度化和法治化之路。

一　生态文明是人类文明发展的新阶段

生态文明是人与自然和谐相处、人和社会全面进步的文明状态，是一种科学、综括、先进的文明范式。生态文明是人类社会的价值目标和价值追求，是中国特色社会主义的价值目标和价值追求，也是中华民族实现伟大复兴的核心内容。

（一）生态文明是对传统工业文明的理性反思

传统工业文明为人类创造了极为丰富的物质财富和精神财富，但传统工业文明有两个重要缺陷，一是生产方式的非循环性，即从原料获取到产品出厂再到形成废弃物，整个过程具有非循环和不可逆的特征；二是生活

---

① 习近平：《决胜全面建成小康社会　夺取新时代中国特色社会主义伟大胜利》，人民出版社 2017 年版，第 52 页。

方式以物质主义为原则，以高消费为特征，认为更多地消费资源就是对经济发展的贡献，这种“黑色文明”带来的高投入、高能耗、高消费，严重割裂了人与自然的关系，最终也割裂了人与人的关系。传统工业文明的片面价值追求，是全球性环境污染、人口爆炸、物种灭绝、资源短缺等生态灾难频发的主因。

经过40多年的改革发展，我国进入快速工业化阶段，是世界上第二大经济体和最具活力的经济体之一，但我国距离完成工业化还有很长的路程，工业化质量差、不平衡、不协调、不可持续问题和生产方式高投入、高消耗、高污染的问题，依旧比较严重。经济社会实现可持续发展，面临着资源逐步短缺枯竭、自然环境污染加剧和生态系统持续恶化的瓶颈，如不采取相应措施，扭转生态困局，减少能源和资源消耗，保护环境以及维持生态多样性，那么“资源难以支撑，环境难以容纳，社会难以承受，发展难以持续”的危机将愈发严重。

生态文明致力于正确处理人与自然关系，希冀从环境资源承载力出发，根据自然发展规律和人类社会发展规律的要求，通过实行可持续的经济社会文化政策，建立一个环境友好型社会，实现经济、社会、环境和谐发展和人与自然共生共荣的价值目标。生态文明对人的生活方式提出了更加符合自然规律特征的要求，如以实用、节约、节能、减排为行为原则，以适合收入水平和国家发展水平的适度消费、避免铺张浪费为特征，以追求基本物质生活需要的满足为限度，以崇尚精神和文化享受的生活理念为导向。因此，生态文明是一个伦理、经济、生活、政治、法律、社会的综合性价值判断，是对传统工业文明下的生产生活、消费方式和价值理念的理性反思。生态文明建设是我国转变经济发展方式、调整经济结构、节约利用资源、保护生态环境的重要目标引领，是实现传统工业化向新型工业化转变的必然选择。

（二）生态文明是对工业化极端思维方式和技术伦理价值观的反思

生态环境问题已经成为现代人类必须共同正视和认真处理的全球性问题，对这个问题的认知和应对不单是行为技术层面的问题，而首先是一个普遍性的伦理问题和法律问题。生态环境问题产生的原因可以追溯到现代唯科学主义和技术至上论的实际影响，正是现代无节制的工业化造成了环境污染和生态破坏。但在这一原因的背后我们可以找到更深刻的现代性根源，即宰制现代社会和现代人类的科学理性或技术理性观念，造成现代人类的自我中心主义或人类中心论的错觉，并最终导致了现代人类行为方式的失误。

人类自我中心的单向主体性意识和由此形成的“改造自然”和“征服自然”的现代技术行为方式，对自然界采取了一种单向的客体化或对象化的征服、掠夺，这不仅酿成了日趋严重的生态环境灾难，而且从根本上造成了人和人类社会的生存危机，这是所有现代人类危机中最根本性的危机。

总之，将人和自然人为割裂开来，赋予二者以单向的主客体关系属性，进而对作为客体和对象的自然界采取“征服”“改造”和“掠夺”的“现代科学理性”，已经走向人类文明的反面。生态环境的破坏、资源的匮乏、地球环境的恶化所带来的，不仅是空气质量的下降、能源枯竭、生物物种残缺以及自然生态链的断裂，而且是人类自身生存质量和发展可能性的下降乃至终止。

（三）生态文明是一种新的伦理价值观和法治观

传统文明价值观仅仅承认人类的价值，并且把人类的价值看作是唯一的最终价值。而生态文明价值观，既要考虑人类生命存在，又要考虑非人类生命存在；既要关注人的生存发展，又要关注自然环境的生存发展。地球是根，物我一体，物我同命。就本质而言，这是一场事关人类和非人类生命延续的人类文明价值观革命。人类在地球上生存，地球是人类的唯一家园，其他非人类也在地球上生存，地球也是它们的家园。人类生命存在和非人类生命存在，是地球上互为依托的自然存在、本真存在。将人类之道德关怀和法治关怀诉诸非人类生命存在，是这场文明价值观革命的核心向度。

生态文明价值观革命的另一个重要向度，是如何正确处理当代人与后代人之间的利益关系。自然资源和能源的有限性，是当代人利益满足和后代人利益满足存在矛盾的主因。生态文明建设本着为当代人和后代人负责的宗旨，转变生产、生活和消费模式，节约资源，保护和改善自然环境，恢复和建设生态系统，为民族的永续发展和国家强盛，奠定坚实的自然环境基础和物质财富基础。“我们要建设的现代化是人与自然和谐共生的现代化，既要创造更多物质财富和精神财富以满足人民日益增长的美好生活需要，也要提供更多优质生态产品以满足人民日益增长的优美生态环境需要”。①

在当代社会架构中，人与人之间、人与社会的冲突和异化，归根到底是人与自然的冲突和异化造成的。人类要走出利益观的分裂与文明冲突的困境，实现人、社会、自然的和谐发展、共同进步，生态文明建设是不二选择。生态环境的生存发展与人类生命的生存发展是利益攸关、共生共荣的命运共同体。将生态文明的理念上升为人类共同的伦理观和法治观，成为普遍的伦理价值和法治价值，内化为人类共有的文明信仰，外化为人类共同的行为准则和规范体系，成为全人类共同的世界观、价值观，是这场价值观革命即人类高级文明形态的必然要求。“生态文明向度的社会形态转型，是引领人类走出生态困境的必由之路，这条道路是人类社会发展进步的现实必要性和历史必然性的辩证统一”。②

（四）生态文明是对中西文明的基本精神的继承和发展

人的生态实践活动是人类生态意识形成的前提。人与自然、人与人、人与社会的关系，蕴含着特定的价值理念与价值关系。人类是自然系统中的一个子系统，人类与自然系统的物质、能量和信息交换，构成了人类自身存在发展的客观条件。因此，人类之自然生态系统的文明关怀，归根结底是人之人类自身的文明关怀。人类自然生态实践活动具有价值性和伦理性，是生态文明的基本内容。例如，自然生态实践活动目的性、维护生态平衡性、保护生物多样性、使用自然资源合理性、生态保护决策的科学性，以及保护生态和物种的义务和责任、承认生态和物种权利等。生态文明之要义在于：保护自然环境，实现生态平衡。

中国传统文化之人文理念极其丰富多彩。如“仁爱生命”的道德观理念、“万物相生”的世界观理念、“敬畏天物”的宗教观理念、“崇尚自

① 习近平：《决胜全面建设小康　社会夺取新时代中国特色社会主义伟大胜利》，人民出版社 2017 年版，第 50 页。

② 邓永芳、赖章盛：《环境法治与伦理的生态化转型》，中国社会科学出版社 2015 年版，第 14 页。

然”的审美观理念、“中庸有度”的生活观理念、“协谐和合”的发展观理念，这些都是生态文明建设珍贵的理念资源。

儒家传统伦理以“天人合一”为一贯之道，其实质表现为“主客合一”，肯定和推崇人与自然万物的和谐统一。儒家肯定天地万物的内在价值，主张以仁爱之心对待自然，《中庸》认为：“能尽人之性，则能尽物之性；能尽物之性，则可以赞天地之化育；可以赞天地之化育，则可以与天地参矣。”还有汉代董仲舒“天人合类”的宇宙生成论，宋代张载的“民胞物与”的人自伦理体会。

道家之“道法自然”，强调人对自然的遵从属性，即人的行为要以尊重自然规律为最高准则，必须顺应自然规律才能达到“天地与我并生，而万物与我为一”的境界。庄子之“物中有我，我中有物，物我合一”的境界等，都清晰揭示了一个朴素但深刻的生态伦理与生态文明原理：“天人合一”的宇宙本体论命题，“物我一体”的价值生存命题，人与自然和谐互动的伦理命题。

儒家和道家文明智慧从不同方面和不同层次，向现代人类揭示了人类生存的必然之道、应有之道和应当之道。人与自然环境的关系不是简单内外对应关系，而是两种生命之间的内在一体关系，或者说是命体与命根的内在关系。当我们思考和探索生态伦理和生态文明，反检现代人类生存与发展模式的时候，这些都是宝贵的思想文化资源。

生态文明也继承了西方现代生态伦理或环境伦理的思想精华。现代西方环境伦理思潮的基本任务就是扩展道德关怀对象的范围，从人类扩展到动物、植物乃至于矿物、土地、水、生态系统等。因此，环境伦理思潮的诞生在西方引起了一场关于环境物内在价值的讨论甚至争论。

前已述及，现代西方环境伦理思潮，论证环境物内在价值的思路归结起来主要有两种：一是借鉴传统人类中心主义的价值论方法来论证环境物的内在价值的个体主义价值论；二是试图背离西方个体主义传统的、建立在整体论之上的整体主义价值论。前者有辛格的“感性能力论”、雷根的“生命主体论”以及泰勒的“生命目的论”。整体主义的内在价值理论以利奥波（A. Leopold）的“大地伦理学”为代表。

1952 年诺贝尔和平奖获得者，生物伦理学和生态伦理学的早期奠基人，法国人施韦兹在其 1923 年出版的《文化哲学》一书中提出“万物之间是平等”的见解和呼吁，首次主张把人类道德行为领域从人与人之间扩展到人与所有生物之间，认为不仅人与人是平等的，而且包括人在内的世界生物之间都是平等的。1982年，生态伦理学家罗伯特艾伦出版了《如何拯救世界》一书并于其中呼吁建立“一种包括植物、动物和人在内的崭新的伦理观”。这些智慧性思想和见解，已经成为建设生态文明最基本的思想和精神。

（五）生态文明需要生态与经济相融合

生态文明与经济伦理是紧密联系在一起的。经济伦理以伦理要求规制经济活动为主要内容，是包含生产、交换、分配、消费等各个环节的经济活动的基本伦理，是经济主体在经济交往中所形成并依循的伦理意识、产生并发挥交互作用的伦理关系、所依据的伦理规范以及道德实践的总称。生态文明时代，经济伦理与生态文明密切联系。生态文明为经济伦理提供目的价值，是经济伦理的实质理性；经济伦理为生态文明提供工具价值，是生态文明的形式理性。

生态经济是生态与经济相融合的结果，是生态文明体系的重要构成部分。生态经济要遵循产业生态化和生态产业化的发展方式，将保护生态环境作为经济持续发展的内在驱动力和持久推动力。一方面，产业经济的发展必须依赖大量的自然资源和能源，但对经济利益至上的过分追求，会过度消耗自然资源，甚至会破坏生态环境，抑制产业经济持续发展；另一方面，产业经济的发展及其生态化的追求，能为生态环境保护和生态治理提供先进技术、充足资金和现代化的治理手段，有助于保护生态环境、节约自然资源、提升环境质量。

生态环境保护与产业经济发展存在双向增益性和双重动力性，二者相互作用、互为前提、相互供给。生产实践结果的生态化是生产需求、目的生态化的表现形式，而整个生产过程生态化是生产实践结果生态化的重要约束和有效保障。因之，建构生态经济体系，实现产业生态化和生态产业化，对破解开发与保护之间的矛盾，化生态优势为产业优势，以生态产业反哺生态环境保护有重要作用，将有助于实现对生态环境的有效开发和更好保护。

综上所述，生态文明是人类文明发展的一个崭新阶段，是工业文明之后人类文明的新形态。生态文明是人类遵循人、自然、社会发展规律而取得的物质与精神成果的总和。人类个体之间、人类与自然、人类个体与社会整体的和谐共存、良性循环、协调发展、持续繁荣是生态文明的基本宗旨。从人与自然和谐共生的视角观察，生态文明是人类保护自然环境和利用自然资源而取得的物质成果、精神成果和制度成果的总和。生态文明建设是贯穿于经济、政治、文化、社会建设和发展的全过程和各方面的系统工程，反映着一个社会的文明进步状态。

二　我国生态文明体制改革的理念与实践

生态文明建设作为"五位一体"总体布局的重要内容之一，与经济、政治、文化、社会建设密切相关，是经济、哲学、伦理学、法学、宗教学、文化学等多学科共同关注的领域，是多学科、多领域交叉、理论与应用结合、学理与对策协同的重要学术领域。从近年的研究成果来看，经济学、哲学、伦理学、法学、社会学、宗教学 、文化学和生态学、环境学、生命科学等学科都在关注生态文明。因之，生态文明既是单一学科的研究对象和研究领域，也是交叉学科的研究范围和研究方向。

20 世纪 80 年代以来，基于全球环境恶化、能源枯竭、传统工业化病之蔓延，可持续发展思想和生态文明的理念，成为世界各国的发展模式和价值目标。生态文明从人与自然、人与社会整体演进的高度，反思传统文明模式的发展理路，从整体文明和未来文明的高度审视、统筹、思考经济、社会、环境、文化、人类之间的内在关联，通过生态文明理念深入贯彻、生态伦理宣传倡导、生态文明制度建设完善、生态文明价值目标设置，在更高层次上实现人、社会、自然复合生态系统的能量交换和协同发展。

（一）生态文明体制改革的历史变迁

生态文明建设作为"五位一体"总体布局的重要内容，是新时代中国特色社会主义理论和实践的重要组成部分。党的十六大提出科学发展观，将增强可持续发展的能力、促进人与自然的和谐发展、走生态文明发展之路，作为全面建设小康社会的重要目标之一，将人与自然和谐作为和谐社会建构的核心内涵，从此开启了建构生态文明制度之路，改革生态文明体制机制成为我国的重要任务。

将“生态文明”首次写入党的行动纲领是党的十七大，从此生态文明建设成为一种新型的治国战略和社会治理方式，成为全面建成小康社会的新要求、新目标。“建设社会主义生态文明既是全面建设小康社会的基本要求，也是现代化建设的基本要求，更是中国特色社会主义总体布局的基本要求”。[①] 这是我国建构生态文明制度，改革生态文明体制的开端。

从全面建成小康社会、实现社会主义现代化、实现中华民族伟大复兴中国梦的高度，将“生态文明建设”与“经济建设、政治建设、文化建设、社会建设”纳入“五位一体”总体布局，并提出和部署生态文明体制改革、生态文明法律制度和绿色发展的目标任务，是党的十八大开启的新时代。“建设生态文明，是关系人民福祉、关乎民族未来的长远大计。面对资源约束趋紧、环境污染严重、生态系统退化的严峻形势，必须树立尊重自然、顺应自然、保护自然的生态文明理念，把生态文明建设放在突出地位，融入经济建设、政治建设、文化建设、社会建设等各个方面和全过程，努力建设美丽中国，实现中华民族永续发展。”[②] 这是党的十八大确定的生态文明建设战略部署和生态文明体制改革的基本思路。

生态文明的理念、方针、政策、方法、举措、意义在理论与实践中逐渐确立，尤其是习近平新时代中国特色社会主义思想的形成，其中关于生态文明的思想、理论和观念成为我国生态文明建设的理论指导和行动指南。绿水青山就是金山银山、要像对待生命一样对待生态环境、山水林湖草是一个生命共同体、实行最严格的生态文明制度、树立绿色发展理念、建设美丽中国等生态文明理念和思想，成为公众最大的公约数和最大的共识，是我国生态文明制度建立和生态文明体制改革的基本遵循。

党的十八届三中全会就加快生态文明制度建设做了顶层设计和安排，“建设生态文明，必须建立系统完整的生态制度体系，实行最严格的源头保护制度、损害赔偿制度、责任追究制度，完善环境治理和生态修复制

---

① 周鑫：《西方生态现代化理论与当代中国生态文明建设》，光明日报出版社2013年版，第2页。

② 胡锦涛：《坚定不移沿着有中国特色社会主义道路前进为建设小康社会而奋斗》，人民出版社2012年版，第39页。

度，用制度保护生态环境。”[①]“健全自然资源资产产权制度和用途管制制度”“划定生态保护红线”“实行资源有偿使用制度和生态补偿制度”“改革生态环境保护管理体制”。[②] 由思想、理念到制度设计再到具体实践，这表明生态文明建设已成为国家民族的长期战略和重要任务，生态文明绝非其他文明形式的附属品，而是与其他四种文明相对应的文明类型，在中国特色社会主义的理论体系和实践行动中，具有独特价值和地位。

党的十八届四中全会，把更好地发挥法治的引领和规范作用作为实现经济发展、政治清明、文化昌盛、社会公正、生态良好制度安排和法治建设的重要内容，生态文明制度化和法治化建设之立法、执法、司法和普法，以及生态文明之文化建设，成为建设生态法治的重要举措。

2015 年，国家出台了《生态文明体制改革总体方案》，明确了改革的总体要求和指导思想：“坚持节约资源和保护环境基本国策，坚持节约优先、保护优先、自然恢复为主方针，立足我国社会主义初级阶段的基本国情和新的阶段性特征，以建设美丽中国为目标，以正确处理人与自然关系为核心，以解决生态环境领域突出问题为导向，保障国家生态安全，改善环境质量，提高资源利用效率，推动形成人与自然和谐发展的现代化建设新格局”。生态文明体制改革进入总体推进时期。

1. 生态文明建设的基本理念。

一是尊重、顺应和保护自然环境与资源的理念。生态文明建设事关国计民生和社会进步，与经济、政治、社会和文化建设息息相关、同步协调，因此必须融入相关领域建设的各方面和全过程。

二是发展和保护相统一的理念。坚持发展的绿色性、循环性、低碳性，正确处理发展和保护的关系，调整产业空间结构，转变经济发展方式，实现发展与保护的内在统一，最终为子孙后代留下天蓝、地绿、水净的美好家园。

三是绿水青山是金山银山的理念。人类生存发展离不开肥沃土地、清新空气、清洁水源、美丽山川和生物多样性的生态环境，保护森林、草原、河流、湖泊、湿地、海洋等自然生态，是实现高质量发展的

① 《中共中央关于全面深化改革若干重大问题的决定》，人民出版社 2013 年版，第 52 页。

② 同上书，第 52—54 页。

基础。

四是自然价值理念。自然生态的价值性主要表现为保护自然就能实现自然价值增值和自然资本升值，实现发展生产力之目的。就长远而言，保护生态环境，亦是拥有稀缺的自然资源。保护自然的过程，就本质而言，就是增值自然价值和积累自然资本的过程。生态优势最终会成为政治优势、经济优势、文化优势和社会优势。因之，消解自然无价值和生态非资本的观念，树立自然有价值和生态是资本的理念，最终会获得经济、政治、社会、文化的利益反哺和利益补偿。

五是空间均衡的理念。人口、经济、资源、环境应均衡发展，经济规模、产业结构、经济增速与资源、环境的承载能力要匹配均衡。

六是人与自然是生命共同体的理念。前已述及，生态系统既有整体性、系统性特点，又有特殊性、唯一性特点。自然生态的母系统、子系统，既相互联系，又彼此按照自己的规律发展。之于整个自然生态系统，要按照综合治理、全面保护、系统修复的原则，处理好人类个体与自然环境、经济发展与生态保护的关系。实现提升生态系统循环、永续、可持续发展能力的目的，必须像爱护人的生命一样爱护自然，铭记人是自然系统的子系统，人与自然是一个生命共同体。

2. 生态文明体制改革的原则。

一是健全生态文明体制改革的市场机制，充分调动政府、企业、社会组织、公民积极性，系统发挥政府行政监管与规制的主导作用、企业的自我约束和预防作用、社会组织的行业自律与公益监督作用以及社会公众的民主参与作用。

二是创新自然资源资产的产权制度，明晰自然资源资产所有者权责利，明确自然资源资产管理者的权限范围和权利边界，合理划分中央和地方的事权范围，明确中央和地方的监管职责，界定自然资源资产的公有性质，依法使自然资源资产收益更好地惠及民众。

三是建构统一的城乡环境治理体系，形成城乡融合的环境治理机制，理清城乡环境治理的方向和重点，构建新旧动能转换、乡村振兴、保护生态环境的制度体系。

四是建立激励和约束并举制度体系。要尽快形成支持绿色、循环、低碳、可持续发展的利益导向机制，建构源头治理机制，完善全过程的监管监督机制，建立损害生态环境终身责任追究机制，建设各类市场主体的有效约束机制。

五是建立国际合作机制。既要自觉保护生态环境，形成具有中国特色的生态环境保护理念、制度和模式，又要遵守生态环境保护国际性的契约、合约和公约；既要探究生态环境保护的国际交流与合作机制，又要借鉴国际上生态环境保护的先进理念、制度、体系、技术和经验；既要积极探索本国生态环境治理的路径，又要积极参与全球生态环境治理的合作，将国内的生态环境保护融入全球生态环境保护之中。

六是建立试点先行和整体协调的推进机制。加强生态文明建设的顶层设计，探索因地制宜政策扶持机制，根据省情、市情、县情，进行试点实验。

3. 生态文明建设的目标。到 2020 年实现生态文明领域国家治理现代化，形成完整的生态文明制度体系，中国进入生态文明的新时代。

4. 生态文明建设的制度。主要包括：建构和完善自然资源资产产权制度、国土空间开发保护制度，设计和建立资源总量管理制度，建构资源能源的节约制度，建构自然资源的有偿使用制度、生态补偿制度，建立现代环境治理体系、生态保护市场体系，建构生态治理绩效评价考核制度和责任追究制度。

这些制度设计在《国家新型城镇化规划（2014—2020）》中也有体现，“我国城镇化是在人口多、资源相对短缺、生态环境比较脆弱、区域发展不平衡的背景下推进的”，要“完善推动城镇化绿色循环低碳发展的体制机制，实行最严格的生态环境保护制度，形成节约资源和保护环境的空间格局、产业结构、生产方式和生活方式”，要建立生态文明考核评价机制、建立国土空间开发保护制度、实行资源有偿使用制度和生态补偿制度、建立资源环境产权交易制度、实行最严格的环境监管制度。

党的十八届五中全会在论述五大发展理念时，将绿色发展理念作为其中的重要组成部分，提出“坚持绿色发展，必须坚持节约资源和保护环境的基本国策，坚持可持续发展，坚定走生产发展、生活富裕、生态良好的文明发展道路，加快建设资源节约型、环境友好型社会，形成人与自然和谐发展现代化建设新格局，推进美丽中国建设，为全球安全作出新贡献”，[①] 并从保障人类与自然世界的和谐共生、推进主体功能区建设、推动低碳循环发展、全面节约和高效利用资源、加大环境治理力度、筑牢生态安全屏障等方面，提出了新的部署。

习近平总书记在党的十九大报告中论述了新时代坚持和发展中国特色社会主义的基本方略，其中，坚持人与自然和谐共生作为基本方略之一得以强调，并将建设美丽中国作为全面建设社会主义现代化的重要目标，从“推进绿色发展”“着力解决突出环境问题”“加大生态系统保护力度”“改革生态环境监管机制”等方面，提出了今后五年美丽中国建设的重点任务。[②]

（二）生态文明的学理认知

对生态文明的界定，学界有多个维度。

一是阶段说。认为生态文明是继原始文明、农业文明、工业文明后，人类文明更高级的形态和形式，代表着一种新的发展逻辑、道路、方式、模式，是对传统工业文明的反思和选择。

二是形态说。认为生态文明贯穿自然、社会、人文之中，自然生态文明、社会生态文明、人文生态文明是其三重形态，包含着自然、社会和精神三重价值的互氤互动、和谐互进。自然生态文明是核心，社会生态文明是关键，人文生态文明是指向。

三是结构说。认为生态文明存在着观念、制度和实践三种形态要素，因此产生了观念形态的生态文明、制度形态的生态文明和实践形态的生态文明。生态思想、观念、道德、价值、意识、理念等属于观念形态的生态文明，是生态文明的本质规定性，是生态文明的软实力和软支撑，是生态文明的隐形元素。生态制度、法律、规范、规划、规章、条例等是制度层面的生态文明，是生态文明建设的硬性保障和刚性约束，是生态文明构成的显性元素。人和社会的行为方式、生产方式、生活方式和交往方式是实践形态的生态文明，是生态文明建设的核心元素和关键环节，具隐性和显

---

① 《中国共产党第十八届中央委员会第五次全体会议公报》，人民出版社 2015 年版，第 10—11 页。

② 习近平：《决胜全面建成小康社会夺取新时代中国特色社会主义伟大胜利》，人民出版社 2017 年版，第 50～52 页。

性的双重特征。

四是广义说。认为生态文明是调整人和自然关系的精神成果和物质成果的总和，或者认为生态文明是调整人与人、人与社会、人与自然关系的物质成果和精神成果的总和。

五是层次说。从哲学的实质来看，生态文明是人的自然与自然的自然的积极进步的总和，从目的性而言，生态文明是作为主体的人和作为客体的外部世界的和谐相处、互进互助积极成果的积淀和升华；从最终指向而言，是化解生态危机，解决全球共面的环境问题，实现人与外部世界的和谐持续发展。

（三）生态文明的学科认知

关于生态文明的特征，学者们从各自学科、不同视角有不同的认知和表达。

一是从实践哲学的视角，认为生态文明是实践性与反思性、系统性和和谐性的统一，是人与自然关系广度认知与深度认知、伦理理念与制度建设、当下建设与长期战略的有机统一，有的学者甚至认为生态文明将呈现阶段性、历史性和未来性的特征。

二是从伦理学的视角，认为生态文明是一种新的伦理观，是处理人与自然关系的道德理念、道德规范和道德原则，是对近代以来以工业为中心发展观的伦理反思。有的学者认为生态文明之生态道德，是指生态文明领域的道德体系，包括人与自然的融通一致性，生态主体道德实践的普遍性、自觉性、和谐性，生态道德是生态文明的核心价值。

三是从生态学和社会学的视角，将理念认知特征、制度实践特征、社会发展特征作为生态文明的基本特征。认为生态文明是对工业文明的反思和超越，人与外部世界特别是外部环境不是单向度的主体征服、改造、利用关系，而是共进共荣、互蕴互融的关系，因之，去单一工业文明之要，实现人与自然的和谐是生态文明的本质要求。

四是从发展学的视角，认为生态文明和可持续发展理论和实践密切相关，是对资源枯竭、能源短缺、环境破坏的反思，横向上追求合理的资源消费，纵向上追求资源的可替代、再生和节约。

五是从价值观的视角，认为以公正、平等理念和人文思想重塑尊重和关怀自然、生态的价值观念，实现经济、社会与资源、环境的协调是生态文明的目标导向；提倡包容、自律、集约、节约的生活方式、消费模式、增长方式、需求方式，是寻求资源节约和生态环境保护的重要路径。

（四）生态文明的核心要素

生态文明的核心要素和目标价值是实现人、社会和自然公正、高效、和谐的发展。

一是要尊重自然权益、自然特性，勿以人类意志，征服、改造自然，实现整个生态链的协调公正以及人的权益、社会权益和自然权益的公正、公平、互补。

二是在实现人与自然系统平衡、趋向一致的前提下，以最少的资源获得最大的经济效率和社会和谐最大的张力。高效的经济效率和高效的投入产出，是实现生态自我修复的重要方式。

三是实现人与人、人与自然、人与社会的和谐，以及生产与消费、经济与社会、城乡和地区之间的协调发展，是生态文明和可持续发展的本质要求。

四是实现自然人文化和人文自然化的有机统一，将健康、自然、单纯、绿色、本然的生活，作为生态文明之人文追求的内涵和目标。

（五）生态文明的学科基础

生态文明是人类反思人与自然关系之升华与深化的必然成果，多学科交叉研究、取长补短，是既着眼当代，又放眼未来的智慧选择。要以文明学、生态学、环境学、经济学为建构基础，以生态哲学、生态伦理、生态法治为价值指导和制度保障，以社会学、未来学、发展学为辅助，以辩证法、逻辑学为方法，在生态理念和生态思想的确立进程中，实现生态文明之自然和人文的一致性，实现人与自然的高级完美形态。

第八章　生态文明建设的法治保障

建设生态文明，将节约能源资源、保护生态环境，作为调整和优化产业结构、转变经济增长方式和消费方式的重要手段，是党的十七大报告提出的战略目标。党的十八大报告从“完善和发展中国特色的社会制度，推进国家治理体系和治理能力现代化”的高度目标，提出“必须更加注重改革的系统性、完整性、协同性，加快发展社会主义市场经济、民主政治、和谐文化、生态文明”“紧紧围绕建设美丽中国深化生态文明体制改革，加快建设生态文明制度，健全国土空间开发、资源利用节约、生态环境保护体制机制，推动形成人与自然和谐发展现代化建设的新格局”。[①]党的十九大报告提出“要加快生态文明体制改革，建设美丽中国”。生态文明是“法治中国”建设关注的重点领域，具有丰富的法律内涵。生态文明建设必须有法律制度，特别是生态和环境保护的法律法规的保障。在“五位一体”总体布局和“四个全面”战略布局的协调推进进程中，完成现代文明的转型，生态文明与全面推进依法治国有机结合是转型的基本要求。

一　生态文明法治建设是国家治理现代化的重要标志

生态文明领域是国家治理的重要组成部分。实现生态文明领域的治理体系和治理能力现代化，是全面深化改革的重要保证和基本内涵。法治是国家治理能力和治理体系的本质特征。全面推进和加快完善生态文明建

---

① 《中共中央关于全面深化改革若干重大问题的决定》，人民出版社 2013 年版，第 3—5 页。

设，实现生态治理体系和治理能力现代化，是国家和社会治理现代化的基本内容和重要组成部分。党和国家一贯高度重视法治建设，将法治建设和法治文明视为改革开放的基本内涵和重要保障。

党的十五大以来，法治成为治国理政的普遍共识。依法治国作为党领导人民治理国家的基本方略，体现了发展社会主义市场经济的客观需要，是社会文明进步的重要标志，是国家长治久安的重要保障。为此，中央和地方出台了许多环境保护的政策和法律法规。必须指出的是，正确处理人口、资源和环境的关系、经济发展与生态保护的关系、资源开发使用与资源节约的关系，节约资源能源，是实施可持续发展战略的主旨和目的。依法开发和整治国土资源，加快环境立法步伐，完善大气、土壤、水、森林、矿产、海洋等管理保护法律体系，是实现生态环境保护的基本要求。严格加强环境执法、司法和普法，是保证环境法律法规有效实施的重要手段。

（一）生态文明法治建设是生态环境治理现代化的重要内容

实现国家治理体系和治理能力现代化，建构生态文明的现代治理体系，提升国家和社会在生态文明领域的治理能力，就是要建设天蓝、地绿、水净、气洁的生态美丽中国。法治与国家治理体系和治理能力有着内在的联系和外在的契合。法治是国家治理的基本方式。依法治国、依法执政、依法行政、严格执法和公正司法，决定了推进国家治理现代化，在本质上和路径上就是推进国家治理法治化。

现代法治为实现国家治理现代化注入了良法的基本价值，为实现国家治理体系现代化提供了善治的创新机制。法治是实现国家治理体系与治理能力现代化的决定性力量，是国家治理现代化的制度保障。国家治理能力法治化和国家治理体系法治化是国家治理法治化的两个基本维度。从法制升级为法治、从法治国家到法治中国、从法律之治到良法善治、从法律大国到法治强国，直到中国特色社会主义法治体系的建成和完善，都是实现国家法治现代化的主要内容，而生态文明法治建设是实现国家生态环境治理现代化的重要内容。

（二）生态法治建设是生态文明建设的制度保障

首先，生态文明建设要在现有的法律框架和法律制度体系中运作。得到现行法律制度的支持、维护和保障，生态文明建设才能顺利推进。法律既有权威性、强制性、制度性的特征，也有稳定性、保守性和滞后性的特点。生态文明作为新型文明形式，其建设若要冲破或超越现有的法律制度体系，必然受到现有法律法规的制约与限制。

其次，生态文明建设还需新型的生态法治支持、维护和保障。经济、社会、文化、政治、生态的迅速发展和不断创新，要求为之服务保障的法律制度也随之创新。法律制度的创新是经济社会变革的要求，也是法治建设不断完善进步的内部要求。法律制度的创新变革反促经济社会的创新变革，加速经济社会的创新变革，并在更新的治理体系中保障经济社会的创新变革。

再次，生态文明建设必须对相关的法律法规进行“立改废释”。要根据生态环境保护和生态环境治理需要，加快生态文明立法。生态文明已写入宪法。生态文明入宪，为贯彻生态文明理念，进行生态文明建设，提供了根本法律依据。实现宪法之生态文明主张，必须依靠国家法律法规、地方法规和规章、自治条例和单行条例的保障，同时还要修改不适应生态文明建设的法律法规、地方法规和规章，废除阻碍生态文明建设的法律条款和法律规定。立法之于生态文明建设已时机成熟，生态文明建设亟待完善法治保障制度。

最后，生态文明建设必须以生态化修改完善传统的部门法。生态空间法、生态经济法、生态环境法、生态制度法、生态生活法和生态文化法等，是生态文明法优先制订的重要领域。保障和促进绿色发展、低碳发展和循环发展的法律法规和促进条例，是生态文明法治应率先突破的主要领域。同时应根据宪法之生态文明的主张，制订生态文明法，使之作为上位法，统辖环境法和环境相关法，如行政法、经济法、民法、刑法等传统部门法，并以生态化改造和完善环境法和环境相关法。

（三）生态法治建设是处理人与自然关系的基础

生态法治建设既是生态文明建设的重要内涵，又是生态文明建设的法治保障。基于经济社会可持续发展的需要，正确处理人与自然关系，实现人与自然和谐相处、互动互蕴、共同发展，保护生态环境，合理利用和节约资源，保护生态安全，维护生态平衡，是生态文明建设的必然要求和本质体现，也是生态法治的重要任务和基本职责。因为，“当代严重的环境资源生态问题实质上是人与自然关系的失衡问题、失调问题、恶化问题；防治环境污染、保护和改善环境只能基于人与自然关系的改进和改善，要想有效防治环境资源问题，必须采用法律等各种手段、通过法治等各种途径正确地处理、协调人与自然的关系及与环境资源问题有关的人与人的关系。因此，依法协调人与自然的关系，就是依法促进生态文明建设。正确处理和协调人与自然关系，促进人与自然的和谐发展，要求依法促进生态文明建设”。①

法律有规范和调整人与自然关系的强大作用，生态法治建设则是保障和优化人与自然关系和谐发展的有效举措。生态文明是一种从经济基础到上层建筑的整体变革和创新，既是人类生产方式、生活方式、思维方式的巨大变革，也是政治、法律、宗教、伦理、文化观念的巨大变革，需要经济社会发展之政策、法律和战略协同保障。实现对人与自然生命与价值的尊重与保护，必须将对人与自然关系的观照与处理纳入法律、道德体系中，加强生态法治和生态伦理的协同治理，实现德法共治，加快推进生态文明建设。

二　法治是建构生态文明制度体系的保障

生态文明法治建设是有效破解环境保护难题、资源开发瓶颈和全面解决生态环境掣肘问题的关键。现代法治是生态文明建设的重要支撑，是建设美丽中国的根本保障。前已述及，现代法治为生态文明建设注入了良法的基本价值，为生态治理提供了善治的创新机制，法治对生态文明建设和生态治理具有决定性的意义和价值。“法治”的基本标志有五个方面：“法律之治、人民主体、有限政府、社会自治、程序正义”。法律之治和法律面前人人平等是法治的基本要求，也是生态文明建设的基本要求。

现代法治的基本要求之一就是宪法和法律的有效实施，而宪法和我国的环境、资源等方面法律的有效实施，是保护生态环境的刚性规范。全社会形成爱法、学法、尊法、信法、畏法、守法的生态法治精神，是生态文

① 蔡守秋：《生态文明建设的法律和制度》，中国法制出版社2017年版，第30页。

明建设和生态文明制度建构的群众基础。现代法治的规范性、强制性、人民性、民主性、稳定性是生态文明建设的重要支撑。

（一）生态文明建设需要法治秩序和法治权威

现代法治的秩序和权威根源于其规范性和强制性。生态文明建设必须严格遵守一系列法律、法规、规章、条例，单纯的行政命令、上级指示、地方政策以及基于精神和境界追求的伦理道德、舆论谴责，都不是最好的形式。只有凭借现代法治的力量，以法自有的规范性和强制性约束政府和群众的行为，才能从根本上解决环境生态之灾。因为“目前我国的经济、社会和文化发展很不平衡，建设生态文明社会涉及众多的行政区域和部门，各地区、各种利益集团和各单位的利益相当复杂；要实施生态文明建设的可持续发展，必须找到一条有效的实施途径，建立良好的秩序，这种途径和秩序就是建设生态文明的法治秩序。法治秩序是最公正、民主和最有权威的社会秩序，只有法律才能有效调整好各种利益、利害关系”。①因之，依靠现代法治的规范性和强制性建构起适合生态规律、自然环境、资源再生的法律规范和法律体系，实现生态经济、空间、环境、制度、生活和文化法治化，是保证生态文明建设的前提。

（二）生态文明法治建设需要公众广泛参与

这是由现代法治的人民性和民主性决定的。现代法治的人民性和民主性决定了生态法律体系建设必须有公众参与。公众自觉参与生态文明建设和生态法律体系建构，服务于现代国家治理体系建设，是全面推进依法治国的必然选择。现代国家治理体系建设作为全面深化改革的目标，是一个开放包容的治理体系，其强调的多元共治和规范治理，必然呼唤公众民主参与。公众参与是生态立法之科学性和民主性的重要保障，公众参与也是严格生态执法、公正生态司法的有效支撑，公众参与更是全民守法最重要的民众基础。简言之，公众参与是现代国家治理体系的重要方式，亦是生态文明治理有效性的重要保障。

在全面推进依法治国的背景下，要实现生态文明的立法民主化和科学

---

① 蔡世秋：《生态文明建设的法律与制度》，中国法制出版社 2017 年版，第 37 页。

化，必须将公众作为生态法治建设和生态文明建设的重要力量，用法律引导、指引公众有组织、有计划、有目的、有秩序、有效率地参与生态文明立法，并通过科学立法、严格执法、公正司法和全民普法，建立健全各种法律法规制度，有效引导规范公众正确处理人与自然的关系，进一步彰显现代生态法治的民主性和人民性。

（三）生态文明法治建设需要构建生态法治观

正确处理人与自然关系，构建人与自然和谐发展的新型文明关系，必须充分认识生态文明法治建设的重要性。要令法治建设成为保障人与自然和谐发展的基本制度，建构科学的生态法治观，具有优先意义。

在我国的法律体系中，生态文明法律在环境资源法系中具有重要地位，对调整人与自然关系，协同推进生态文明建设，有着其他法律无法替代的、重要的、专门的功能和作用。生态文明法律法规是人类生态文明建设活动及其各种行为的行为规范和准则，是规制人与人、人与社会，特别是人与自然的行为规则，通过规制和维护人与自然的资格、价值、尊严、利益，进而达到调整人与人、人与自然关系，保障人与自然和谐相处，推进自然系统和人类系统永续发展的目的。

因之，为实现调整人与人、人与自然关系的目的，内含环境资源法律的生态文明法律应根据生态文明建设活动和环境行为的需要，创新有利于生态文明建设的行为规则、权利、义务、责任等法律规定和法律制度，建构兼顾调整人与人、人类个体与社会整体、人与自然关系的一套规范机制和评价体系，以更好地保障和促进生态文明建设。

环境资源法律是生态文明建设最直接、最重要的法律依靠。环境资源法律之所以能调整人与自然的关系，促进人与自然形成和谐发展、共生共赢的关系，保障生态文明建设的规划与实施，是因为环境资源法不仅以调整人与自然关系为立法精神，而且还能以法律规范的强制性要求，合理调整和妥善处理好人与自然的利益关系。构建人与自然和谐相处的法治秩序，是环境资源法律实践及其理论的主要目的。在全社会范围内树立并践行人与自然和谐相处的环境（生态）法治观，是生态文明法治的基础性工程。

三　生态文明建设需要现代法治的制度保障

生态文明是中国走向现代文明的重大转型，生态文明法治是中国建设法治国家的重大变革。现代法治的程序制度正义是生态文明建设整个过程彰显法治精神的重要保证。

（一）生态良法是生态善治的基础

法律是治国之重器，生态文明建设必须有法可依。按照《中共中央关于全面推进依法治国若干重大问题的决定》的要求，做好生态环境法的立改废释工作，在继续完善相关环境、资源、能源、气候、土壤、水等法律法规的同时，要加大立法力度，加快生态文明建设的立法步伐，根据新时代社会主要矛盾变化，及时废除不合时宜的地方规章和条例，使之与宪法和环境法相一致。立法是生态法治的前提和首要步骤，不仅能为生态治理和环境执法提供法律依据，而且能决定生态文明建设的法律地位和法律属性。通过立法，确定生态文明的政策、制度、原则、措施、步骤等，可根据生态文明建设的顶层设计要求，制订具体的法律、法规、规章等，以规制不同层面的生态文明建设，如生态保护、污染防治、资源开发、能源利用等，进而保障生态文明建设的全领域和全过程。

（二）建构完善的生态法治体系

完善的生态法治体系是全球生态治理先进国家的重要经验。以立法规制民众、社会组织、企业、政府的行为，降低人类生产方式、生活方式和消费方式对生态环境的影响，是生态治理最有效的手段。要建立严格和完备的保护生态环境的法律法规体系，依循和执行生态环境保护的法律法规，如宪法、法律、行政法规、地方环境保护法规和国家加入的国际环境公约等。我国已经制订了《环境保护法》和《森林法》等环境法和资源法，国务院颁布了《自然保护区条例》等行政法规，环保总局制定的规章或条例有 70 多个，国家环境标准有 400 多项，地方性保护环境的法规有 1000 多个。经过 40 多年的改革开放，特别是党的十八大以来，我国基本上建立了一套严格完善的生态环境保护法律体系。“生态文明建设只有得到法律的支持和维护，才能顺利进行”“生态文明建设需要法律的保障，生态文明法治建设是生态文明建设的一个重要组成部分”，法治建设在生态文明建设中“起着法治保障作用和制度性基础作用”。[①]

（三）遵守正当的生态法治程序

法律程序的产生、法律规定的实行，都具有相对稳定性。“一方面法律是由人制定的，人所制定的法律应当为人服务。因此当法律与经济社会发展不相适应时，应修改和完善法律；另一方面，法律必须保持其相对稳定性，至少在一定的时期内保持稳定。”[②] 生态法律体系，特别是生态法、环境法一旦颁布，首先必须保持其相对稳定性，不能朝令夕改，不能以地方“土办法”代替法律，更不能以领导的意志随便变通法律。因为法律有规范性、稳定性、强制性和权威性等特征，具有协调、综合、规制和保障作用，生态文明的行为、举措和要求等一旦上升为法律，就必然成为规制生态文明建设各种关系和行为的权威性规范。

生态法律程序是从生态法律行为作出的生态法律决定、生态法律方式和生态法律关系。生态法律正当程序应当具备一系列生态文明建设的功能要件，其价值主要包括：促进生态文明建设目标的实现，增进生态治理效率，扩大生态文明建设福利，限制生态权力恣意妄为，保障公众生态权利，保证生态文明建设决定的正当性，同等尊重人与自然的尊严，将道德关怀和法治关怀同等诉诸人与自然等。

四　生态文明建设需要生态法治文化的智力支持

“文化是一个国家、一个民族的灵魂。文化兴国运兴，文化强民族强”。[③] 中国特色社会主义生态法治文化是我国生态文明建设的重要智力和智慧支撑。

---

① 蔡守秋：《生态文明建设的法律与制度》，中国法制出版社 2017 年版，第 29—30 页。

② 刘江翔：《生态文明建设的法治维度及其认同》，《湖南科技学院学报》，2013 年第 6 期。

③ 习近平：《决胜全面建成小康社会夺取新时代中国特色社会主义伟大胜利》，人民出版社 2017 年版，第 40—41 页。

（一）生态法治文化是生态文明建设的灵魂和智力支持

追求人与自然和谐相处是生态文化的特征。尊重自然、顺从自然、保护自然，建构人与自然的生命共同体，是生态文明建设的主旨，是实现由人类中心主义价值向人与自然和谐发展的重大转向。生态文明建设法律制度的有效实施和严格遵守，必须从理念、意识、信仰、伦理上牢固树立“人与自然是生命共同体”的思想，尊重、顺从、保护自然，弘扬生态文明法治精神，培育生态文明法治文化，增强政府、社会组织、公众厉行生态文明法治的主动性和积极性，成为生态文明法治的崇尚者、遵守者、捍卫者和信奉者。

生态法治建设离不开其赖以存在的生态法治社会文化制约。生态法治建设与生态法治文化总是相互交织、相互融合的。生态法治建设的内容、形式、作用和功能及其效果的评估，都会受到生态法治文化的影响和制约。文化作为一种社会现象，具有民族性、历史性、符合性、阶级性、普遍性和传递性等特征。生态法治文化则是民族性和普遍性、历史性与现实性、复合性和单一性、传播性与传递性的统一。生态法治文化是一个国家、民族、社会生态文明的识别标志。生态法治文化的制度内容为生态环境保护活动提供模式，是生态环境治理的稳定器。生态法治文化的精神内容是生态环境保护共同行动的基础和纽带，是生态环境治理的引领器。生态法治文化的传播性和传递性制约着生态法治文化传统的传承，以及不同国家、民族和社会的生态法治观念和生态法治制度的相互影响和相互作用。

（二）培养生态意识、弘扬法治精神是生态法治文化重点

既要加强对生态文明、生态法治和环境保护的宣传教育，建设环境文化和生态文化，培育公众环境意识和生态意识，加强资源节约、环境友好、生态文明的法律普及教育，形成环境友好、生态平衡、法德共治的文化氛围，又要弘扬法治精神、树立法治理念，使公众内心拥护和信仰法律。

生态法治文化是社会文化中的主文化，它包括生态法治信仰、生态法治价值观以及与此相关的生态道德、生态习惯、生态习俗、生态宗教等规则构成的生态环境保护模式，是多数社会成员普遍接受的文化形式。生态

法治所包含的基本价值标准，是生态社会中居于主导地位的价值标准。与其他法治一样，生态法治内含着一定的价值准则，如生态公平、生态正义和生态权利等，这些是生态法治追求的目标，也是生态法治制度正当性的根据。生态法治中的这些价值准则，并非立法者的杜撰，而是来源于生态社会的主文化。生态社会主文化的价值准则，是当代社会中多数人评价制度和行为是否具有正当性的标准。从主文化中汲取价值标准，生态法治和生态文化之价值标准才能成为被普遍接受、正当的生态文明建设标准。

生态法治规则通常是生态社会通行的重要规则的重述。生态法治规则是为生态环境治理和生态文明建设制定和认可的，是一个社会生态道德、生态习惯等规则的法律重述。也许在社会中没有这种生态法治规则的原型，但这种生态法治规则一定是社会生态权利的诉求，并以社会的主流价值、生态道德、生态习惯和生态标准为根据。生态文化对生态法治的决定作用，是立法者必须优先关注的。超越我国社会的主文化和社会主义核心价值观，而制订生态环境法律法规，必然与主流社会的价值及其规则体系相矛盾，这种法律非但无助于生态环境治理和生态文明建设，而且有害于生态环境治理及其生态法治建设。

（二）生态法治文化需要公众的文化自觉和法治自觉

生态法治文化是生态文明建设软实力和价值理念。生态文明建设既要增强生态文明建设法律的国家强制力，又要提高政府、社会组织和公众的生态文明法律意识和守法观念，形成全社会爱护生态环境、人人自觉守法的局面。“实践证明，宣传和教育是促使生态文明建设法律得以实施的重要手段；生态文明建设法律的实施只有同全体国民的生态文明建设法律意识和法律观念的培养和提高同步进行，才能收到成效”“只有将生态文明法治宣传活动制度化、法定化”“大力培养公众的生态安全、环境风险和环境保护意识，增强全社会学法用法意识，形成生态文明的主流社会舆论、良好的道德风气和强大的精神力量，才能全面促进和保障生态文明建设法律的贯彻实施。”①

---

①　习近平：《决胜全面建成小康社会　夺取新时代中国特色社会主义伟大胜利》，人民出版社 2017 年版，第 117 页。

文化自觉和法治自觉是生态法治文化的最终目的。生态文化自觉和法治自觉主要表现为：第一，生态文化自觉和生态法治自觉是人们对生态环境保护和生态文明建设的自知之明和理性智慧。它要求公众自觉理性地对待生态文化的来源、发展过程和发展规律，形成一种独特、主动、源自内心的对生态文化自觉和生态法治文化发展方向的理性追求；第二，生态文化自觉和生态法治自觉要求我们能动地维护生态文化和生态法治的发展历史和发展传统，充分尊重和借鉴生态文化和生态法治的优秀资源；第三，生态文化自觉和生态法治自觉要求我们既要继承生态文化和生态法治传统，珍惜生态文化和生态法治资源，又要总结当下生态文化和生态法治的理念、实践和制度成果，以更好地为未来生态文明建设服务；第四，生态文化自觉和生态法治自觉必须准确定位中华民族优秀生态文化的价值和意义，以理性认识勘正民族生态文化的优点；第五，生态文化自觉和生态法治的自觉要求我们以理性宽容心态看待其他生态文化和生态法治，学习借鉴他国生态文化和生态法治建构的经验；第六，生态文化和生态法治的自觉终极目的是形成世界生态文化共同体和生态法治共同体。

总之，生态文化自觉和生态法治自觉，既需要我们理性认知和科学研究中华民族的生态文化资源，勘正传统生态文化优劣，探究传统生态文化的独特历史、功能和作用，又需要我们以正确态度看待其他民族和国家的生态文化和生态法治成果，利用人类生态文化和生态法治之优长，助推人类向生态文明社会转型。生态法治文化自觉是人类对待人与自然和谐共同关系的理性认知，生态文化法治自觉是人类以主动理性的态度建构生态法治制度，并自觉以生态法治制度处理人与人、人与社会，特别是人与自然的关系。生态文化自觉和生态法治自觉是人类对人与自然和谐共荣关系及未来的理性认知和把握，是生态环境治理和生态文明建设中人类特有的主动追求精神和自觉担当品质，是对生态文化、生态法治和生态文明的理性洞悉和系统把握。

第九章　生态文明法治建设的基本原则

生态文明法治建设是当代法学理论和法治实践中的一个重要时代课题，是完善社会主义法治体系的重要内容。一方面生态文明的理论与实践对我国生态环境保护的法治建设有重要作用和价值，生态文明法治建设是生态文明建设的题中应有之义；另一方面法治建设以法律和法律制度的形式，对生态文明有巨大规制保障作用，良法善治能引导、保障、规范人与自然关系更符合生态文明的主旨要求，能规范、引领经济社会发展与生态环境修复的良性互动、彼此支持。

一　我国生态文明法治建设的现状

我国生态文明法治建设经过了一个曲折发展的历程，分析当下生态文明法治建设的现状，研究存在问题，有重要意义。

（一）我国生态文明法治建设的演进

1972 年 6 月 5—16 日，联合国人类环境会议在瑞典首都斯德哥尔摩举行。这是世界各国政府共同讨论当代环境问题、研究保护全球环境战略的第一次国际会议，会议通过了《联合国人类环境会议宣言》（*Declaration of United Nations Conference on Human Environment*，简称《人类环境宣言》）。《人类环境宣言》一是提出和总结了 7 个共同观点、26 项共同原则，呼吁各国政府为维护和改善人类环境，造福全体人民，造福后代而共同努力；二是敦促世界各国政府切实注意人类的活动正在破坏自然环境，并给人类的生存和发展造成了严重的威胁；三是会议通过了全球性保护环境的《人类环境宣言》和《行动计划》，这是人类环境保护史上的里程碑。同年的第 27 届联合国大会，把每年的 6 月 5 日定为“世界环境日”。

以参加 1972 年联合国人类环境大会为标志，我国环境保护立法进入一个新的历史阶段。

1973 年 8 月 5 日，在周恩来总理的支持下，我国首次以国务院名义召开了全国环境保护会议，审议通过的中国第一个环境保护文件——《关于保护和改善环境的若干规定（试行草案）》，是我国第一个综合性的环境保护行政法规，这是我国环境保护基本法的雏形，环境保护被正式列入议事日程；会议提出了环境保护的方针①，制订了《关于加强全国环境监测工作意见》《自然保护区暂行条例》。第一次全国环境保护会议在我国环保进程中具有里程碑意义。

但因受特定历史条件的限制，之后的我国环境保护立法进展缓慢，仅仅颁布了《矿产资源保护实行条例》《防治海水污染暂行规定》等几部法律法规，环境保护立法尚处于初级阶段。

1979 年 9 月，颁布施行的《中华人民共和国环境保护法（试行）》，是中国第一部关于保护环境和自然资源、防治污染和其他公害的综合性法律。其引进了当时国际上流行的“环境影响评价”制度和“污染者付费原则”，出台了环境影响报告和排污收费制度，创设了适合我国国情的“三同时”等制度，② 出台了海洋、水、大气污染防治等一系列法律法规，环境保护立法进入一个新的发展阶段。

20 世纪 80 年代以来，我国环境保护的法治建设成效显著，相关法律法规更加完善，立法、执法、司法、普法的理念和思路更加清晰。

1983 年 12 月，第二次全国环境保护会议将环境保护确立为基本国策，提出环境保护的指导思想：经济建设、城乡建设和环境建设要同步规划、同步实施、同步发展，实现经济效益、社会效益、环境效益相统一。

---

① 32 字方针是：全面规划，合理布局，综合利用，化害为利，依靠群众，大家动手，保护环境，造福人民。

② 1979 年，《中华人民共和国环境保护法（试行）》第六条规定：“在进行新建、改建和扩建工程时，必须提出对环境影响的报告书，经环境保护部门和其他有关部门审查批准后才能进行设计；其中防止污染和其他公害的设施，必须与主体工程同时设计、同时施工、同时投产；各项有害物质的排放必须遵守国家规定的标准。”2015 年 1 月 1 日开始施行的《环境保护法》第 41 条规定：“建设项目中防治污染的设施，应当与主体工程同时设计、同时施工、同时投产使用。防治污染的设施应当符合经批准的环境影响评价文件的要求，不得擅自拆除或者闲置。”

制订环境保护的三大政策：一是预防为主、防治结合；二是谁污染，谁治理；三是强化环境管理。

1989 年的第三次全国环境保护会议提出，要加强制度建设，深化环境监管，向环境污染宣战，促进经济与环境协调发展。大会通过了《1989—1992 年环境保护目标和任务》和《全国 2000 年环境保护规划纲要》，提出“三大环境政策”①，提出了五项新的制度和措施，形成了我国环境管理的“八项制度”。

1996 年 7 月，第四次全国环境保护会议提出，保护环境是实施可持续发展战略的关键，保护环境就是保护生产力。国务院出台的《关于加强环境保护若干问题的决定》明确了环境保护工作的目标、任务和措施，确定了坚持污染防治和生态保护并重的方针，提出实施《污染物排放总量控制计划》和《跨世纪绿色工程规划》两大举措，将重点城市、区域、流域、海域的污染防治、环境保护作为工作重点，我国的环境保护和生态治理进入一个崭新阶段。

2002 年 1 月，第五次全国环境保护会议，将环境保护作为政府的一项重要职能，贯彻落实《国家环境保护“十五”计划》是本次环保大会的主旨。

2006 年 4 月，第六次全国环境保护大会强调，必须充分重视环境形势的严峻性和复杂性、环境保护工作的重要性和紧迫性，必须充分认知环境保护的战略地位和未来价值。环境保护关乎国家、关乎民族、关乎子孙后代的生存与发展，环境保护是推动经济社会全面协调可持续发展的重要内容和重要举措。

2011 年 12 月，第七次全国环境保护大会提出了环境是重要的发展资源，良好环境是稀缺资源的科学理念，提出的生态保护方针是：坚持在发展中保护、在保护中发展；提出的环境保护的目的是：推动经济转型，提升生活品质，固本强基服务经济，为人民塑造宜居安康环境。

2012 年 11 月，党的十八大报告提出“加强生态文明的制度建设。保

① 环境管理要坚持预防为主、谁污染谁治理、强化环境管理三项政策。

护生态环境必须依靠制度”。[①] 提出了建构国土空间开发保护制度、耕地保护制度、水资源管理制度、资源有偿使用制度、环境保护制度、环境损害赔偿制度、生态补偿制度、生态保护责任追究制度等。

2013 年 11 月，党的十八届三中全会将加快生态文明制度建设作为全面改革的重要内容，提出“建设生态文明，必须建立系统完整的生态文明制度，实行最严格的源头保护制度、损害赔偿制度、责任追究制度，完善环境治理和生态修复制度，用制度保护生态环境”。[②]

2015 年 4 月出台的《中共中央国务院关于加快推进生态文明建设的意见》将生态文明建设作为中国特色社会主义事业的重要内容，指出生态文明建设，关系人民福祉，关乎民族未来，事关“两个一百年”奋斗目标和中华民族伟大复兴中国梦的实现。

《意见》指出，总体上看我国生态文明建设水平与我国经济社会发展不适应，而且滞后于经济发展，资源约束趋紧，环境污染严重，生态系统退化，发展与人口资源环境之间的矛盾日益突出，已成为经济社会可持续发展的重大瓶颈制约。因此，必须坚持以人为本、依法推进，坚持节约资源和保护环境的基本国策，把生态文明建设放在突出的战略位置，融入经济建设、政治建设、文化建设、社会建设的各方面和全过程，协同推进新型工业化、信息化、城镇化、农业现代化和绿色化，以健全生态文明制度体系为重点，优化国土空间开发格局，全面促进资源节约利用，加大自然生态系统和环境保护力度，大力推进绿色发展、循环发展、低碳发展，弘扬生态文化，倡导绿色生活，加快建设美丽中国，使蓝天常在、青山常在、绿水常在，实现中华民族永续发展。

《意见》强调，健全法律法规，是完善生态文明制度建设的法规制度保证，必须全面清理现行法律法规中与加快推进生态文明建设不相适应的内容，加强法律法规间的衔接。研究制订节能评估审查、节水、应对气候变化、生态补偿、湿地保护、生物多样性保护、土壤环境保护等方面的法律法规，修订土地管理法、大气污染防治法、水污染防治法、节约能源

---

① 胡锦涛：《坚定不移沿着中国特色社会主义道路前进　为全面建成小康社会而奋斗》，人民出版社 2012 年版，第 41 页。

② 《中共中央关于全面深化改革若干重大问题的决定》，人民出版社 2013 年版，第 52 页。

法、循环经济促进法、矿产资源法、森林法、草原法、野生动物保护法等。

2015年9月11日，中共中央政治局审议通过了《生态文明体制改革总体方案》。

2015年10月，党的十八届五中全会提出要坚持绿色发展，对生态文明制度建设作了全面部署。

2017年10月，党的十九大报告将生态文明作为习近平新时代中国特色社会主义思想重要组成部分，对生态文明体制改革、生态文明制度建构、生态环境监管体制改革及相关制度的建设进行了整体设计和部署。

2018年3月通过的《中华人民共和国宪法修正案》将环境保护和生态文明载入宪法。例如，绿色发展理念和创新、协调、开放、共享等新发展理念载入宪法，将和谐亦包括人与自然的和谐载入宪法，美丽中国成为中华民族伟大复兴的重要维度。

总之，改革开放40多年以来，我国生态环境法律法规建设日趋完善，我国的环境与资源保护立法步伐加快，生态文明法治建设成效显著。国务院颁布施行了一系列法律法规，环保相关部门立法速度不断加快，密集制定了大量部门法规，国家环境标准更加严格，地方政府也制定了大量地方性法规和地方环境标准。赋予设区的市地方立法权后，许多地市根据自身特点，制订了不少关于生态保护、环境治理、城市治理的法规、条例。我国已经形成了从国家法律、法规、部门规章到地方性法规、条例等比较完善的生态环境保护法律体系和政策制度体系，这是我国生态文明领域法治建设的巨大成就。

（二）我国生态文明法治建设的成绩

我国生态环境保护的环境立法，在短短的几十年内，特别是改革开放以来，成绩斐然，令世人瞩目。环境立法从无到有、从单到全、从零散到完备。如，生态文明和美丽中国入宪，环境基本法多次修改，各种单行法、行政法规、规章、条例不断出台，环境政策和环境标准越来越严，参与和主导的国际公约越来越多，我国生态环境保护已经形成了一个比较完备的环境法律体系。

1. 我国环境保护的基本法不断完善。中国在20世纪初开始出现环境问题，伴随着中华人民共和国成立初期的工业化推进，环境问题逐渐引起政府层面和专家学者的重视，中国的环境立法由此正式起航。1979年颁布了《中华人民共和国环境保护法（试行）》，10年之后，在总结经验汲取教训的基础上，重新修订并正式颁布实施了《中华人民共和国环境保护法》。该法的颁布标志着中国环境保护事业走上了法治化的轨道。《中华人民共和国环境保护法》是中国环境保护事业中的一座丰碑。

党和国家对环境保护立法工作十分重视，将“保护和改善生活环境和生态环境，防治污染和其他公害”作为立法的目的。我国刑法将严重危害自然环境、破坏野生动植物资源的行为，定为危害公共安全罪和破坏社会主义经济秩序罪。

自1982年以来，《中华人民共和国海洋环境保护法》《中华人民共和国大气污染防治法》《中华人民共和国水污染防治法》》颁布施行。1989年12月26日，《中华人民共和国环境保护法》颁布施行。另外，国务院还颁布了一系列保护环境、防止污染及其他公害的行政法规。

从1979年颁布《中华人民共和国环境保护法（试行）》到1989年《中华人民共和国环境保护法》正式诞生，历经十个春秋。此后的20多年里，我国的经济发展规模与体量令人刮目相看，但生态环境保护及其立法工作不尽如人意。2011年环保法正式列入修法计划。

2012年8月第一次审议环保法修正案草案焦点：设立专章突出强调政府责任，环保达标纳入政绩考核，明确了企业污染防治和突发事件应对的责任，完善环境管理基本制度，强化公众对环保的知情权和参与权，国家统一规划环境监测网络。

2013年6月第二次审议环保法修正案草案焦点：环境保护基本国策首次入法，地方政府对辖区环境负责，官员不作为可引咎辞职，企业排污逾期不改按日计罚无上限，对企业和责任人实行“双罚”，环保联合会为环境公益诉讼唯一主体，建立跨行政区联合防治协调机制，未进行环评不得开工建设，公民可申请公开环境信息。

2013年10月第三次审议环保法修正案草案焦点：扩大环境公益诉讼主体，增加对污染直接责任人人身处罚，进一步明确政府责任，增加环境保护财政投入，赋予环保部门执法手段，把环境保护目标完成情况放在政绩考核的突出位置。

2014 年 4 月，第十二届全国人大常委会第八次会议表决通过了新的《环境保护法》，以国家主席令颁布，并于 2015 年 1 月 1 日起实施。

新的《环境保护法》从 2011 年 1 月被列入全国人大常委会立法规划到颁布实施，历时四年之久，历经四次审议和两次向社会公开征求意见，修改内容之大、历时时间之长和审议次数之多，均创造了我国立法史（不仅仅环境立法）上鲜见的纪录。

基于该法对未来国家及社会发展的重要意义及与公民权保护的紧密联系，新“环保法”启动修法程序之前的十几年，就引发了包括学界在内的社会各界的广泛参与和关注。即使新法通过之后，争论并未就此中断。新《环境保护法》文本的立意定位、制度完善、机制创新、监管强化、责任严格等几个方面都让人耳目一新。

新环保法开宗明义：“为保护和改善环境，防治污染和其他公害，保障公众健康，推进生态文明建设，促进经济社会可持续发展，制定本法。”环境“是指影响人类生存和发展的各种天然的和经过人工改造的自然因素的总体，包括大气、水、海洋、土地、矿藏、森林、草原、湿地、野生生物、自然遗迹、人文遗迹、自然保护区、风景名胜区、城市和乡村等”。保护环境是国家的基本国策，“国家采取有利于节约和循环利用资源、保护和改善环境、促进人与自然和谐的经济、技术政策和措施，使经济社会发展与环境保护相协调”。

2. 我国污染防治和自然资源保护的专门法律法规相继出台。一是《环境影响评价法》《放射性污染防治法》《海洋环境保护法》《水污染防治法》《大气污染防治法》《固体废物污染环境防治法》《环境噪声污染防治法》《野生动物保护法》等多部环境资源保护法律相继出台。二是制订和修改了《防沙治沙法》《清洁生产促进法》《可再生能源法》《水法》《森林法》《草原法》《农业法》《矿产资源法》《畜牧法》《渔业法》《城乡规划法》《节约能源法》《循环经济促进法》《水土保持法》等多部与环境资源保护相关的法律，对水资源、大气、土地、草原、森林、海洋、土壤、水等环境要素的保护作出了特别规定。三是《民法通则》《物权法》《侵权责任法》等从民事权利救济的角度对环境保护问题做出了规定。《侵权责任法》对“环境污染责任”也有专章规定。四是我国参加或参与制订多部国际多边环境公约：《内罗毕宣言》《巴塞尔公约修正案》

《生物安全卡特拉议定书》《关于危险化学品和农药国际贸易事先知情同意程序（PIC）鹿特丹公约》《世界文化和自然遗产保护公约》《濒危物种国际贸易公约》《防止船舶污染国际公约》《海洋倾废公约》《国标油污损害民事责任公约》《核不扩散条约》《联合国气候变化框架公约的京都议定书》等。

3. 我国生态环境的专门立法逐步完善。如，《循环经济促进法》《环境影响评价法》《清洁生产促进法》等法律法规，制订了一批环境管理法规和大批环境标准，如《大气环境质量标准》等。国家和地方环境保护标准体系已经建立。国家环境质量标准、国家环境污染物排放标准、国家环境标准样品标准等环境保护标准体系，从技术和制度层面，为生态环境立法提供了支持。地方环境质量标准和地方污染物排放标准的环境保护标准体系，为地方环境保护立法提供了具有地方特色和特点的技术和制度支持。国家层面加快环境保护立法速度，省级和设区的市地方立法迅速跟进，全国出台的有关生态文明、循环经济、可持续发展以及水、土壤、大气和环境法律法规数量庞大，生态文明法律体系基本建立。比较完善的生态文明法律法规，是生态文明建设与环境保护执法、司法和法律监督的最根本的法律依据，为公众增强生态意识和提高生态文明素质，自觉遵守节约资源和环境保护的法律法规创造了必要的条件。

4. 公众的生态法治理念不断增强。践行生态法治理念，需要公众的支持和参与，只有公众真正树立起了生态文明和生态法治理念，公民生态文明素质提升、生态法治意识增强，生态文明的立法、执法和司法以及生态文明的监管体系才能落到实处。党的十八大报告全面阐述了生态文明建设的理念和意识，如，建设美丽中国、发展循环经济和低碳经济、节约优先、保护优先等，提出生态战略、能源战略、资源战略、海洋战略和污染控制等五大战略。因为“生态文明建设关系各行各业、千家万户。要充分发挥人民群众的积极性、主动性、创造性，凝聚民心、集中民智、汇集民力，实现生活方式绿色化”。[①]

首先，生态文明意识普遍提高。一是生态理念、生态思想、生态生产、生态消费、生态文化、生态法治已成为社会主流价值观的重要内容，

---

① 《中共中央关于加快推进生态文明建设的意见》第八部分。

成为社会主义核心价值观的重要表达方式。我们已经形成了家庭、学校、社会有机结合、共同发力的生态意识培育形式。二是生态文明教育成为国民教育的重要内容，生态文化建设是中国特色社会主义文化的重要组成部分。挖掘传统生态文化思想和生态文化资源，打造生态教育基地，创作生态文化产品，创新生态教育形式，完善生态教育制度，以更好地满足生态文化工作的需求，成为政府和社会组织的重要任务。三是生态文明的典型示范、展览展示、岗位创建成效显著，保护环境、珍惜资源、爱护生态已经成为全社会的行为自觉。四是世界性的主题环境教育深入人心。五是传统媒体和新媒体的资源环境国情宣传作用凸显，环境法律法规、生态知识、生态文化有效普及，环境保护先进典型教育生动活泼，公众节约意识、环保意识、低碳意识逐渐提高，全社会爱护自然、敬畏自然、崇尚生态文明的社会氛围已经形成。

其次，绿色生活方式普遍形成。一是崇尚绿色交往、绿色出行、绿色消费、简约节约、绿色低碳的生活方式逐渐形成，奢侈浪费、超前消费、过度消费、炫耀性消费等不合理消费遭到抵制和排斥；二是节能环保产业、节能环保产品广受欢迎，新能源汽车、节水型器具、光伏产品、高效节能电器等节能环保低碳产品，已成为公众消费的首选；三是绿色低碳出行模式、绿色生活模式和绿色休闲模式已经形成。[①] 公众绿色生活方式、生活习惯的形成，是生态文明建设的重要推动力。

再次，环境立法公众参与制度普遍建立。一是参与制度健全。生态文明建设的公众参与的深度和广度，直接影响着生态文明建设的质量和水平。国家、省、设区的市立法，都规定了公众参与方式、途径、渠道等。公众参与能保证立法的民主性，也是公众知情权、反馈权、环境权益的重要保障。二是参与体系已经形成。举报、听证的程序机制逐渐完善，社会舆论监督机制作用明显，公众监督机制突出，公众参与反馈机制逐渐形成。三是参与范围扩大。范围覆盖相关学者、专家、利益相关人、社会公众；四是参与力量增强。环保各类社会组织有序发展，环保民间组织和志

① 《中共中央关于加快推进生态文明建设的意见》第八部分。

愿者的积极作用越来越大,[①] 已成为生态文明建设的重要推动力量。

二 生态文明法治建设的指导思想和基本原则

从实现“五大发展理念”的要求出发，适应经济社会加速转型之需，根据生态环境治理现代化和全面推进依法治国的需要，破解自然资源不足、环境污染严重、生态系统退化、大气污染加重等问题，探究我国生态文明法治建设存在的问题和不足，有重要的现实意义。

生态法治是国家以法治手段调整人们之间生态利益、生态关系以及人与生态环境之间关系的法治过程，是“法治理念渗透在生态环境保护领域中的体现”。[②] 从生态文明建设总体设计和全面推进依法治国顶层设计出发，明晰生态文明法治建设指导思想和基本原则及其地位和作用，对推进生态法治建设和生态文明建设至关重要。

（一）生态文明法治建设指导思想

生态文明法治建设指导思想是生态文明法治建设的统领。生态文明吸收了工业革命以来生态环保运动、可持续发展运动、循环发展运动、自然保护主义运动等积极的理念、思想和智慧，是建构和谐社会、环境友好型社会、资源节约型社会的先进文明形态。“生态法治观是一种遵循自然生态规律和经济社会发展规律，强调人与自然和睦相处、共同进化的法治观。”[③] 这是一种“以科学发展观为世界观和方法论，以可持续发展为目标，以生态文明为方向，以环境法治为灵魂，以维护环境正义公平为宗旨，以环境安全为前提，以追求环境效益和环境效率为激励机制，以健全综合生态系统管理和环境善治机制为导向”“使环境法律成为建设环境友好型社会、资源节约型社会和生态文明社会的保障”。[④] 生态法治建设的指导思想，是以生态学理论、可持续发展思想、未来学思想等为价值理

① 《中共中央关于加快推进生态文明建设的意见》第八部分。

② 陈凤芝：《生态法治建设若干问题研究》，《学术论坛》2014 年第 4 期。

③ 同上。

④ 蔡守秋：《我国环境法治建设的指导思想与生态文明观》，《宁波大学学报》（人文社科版）2009 年第 2 期。

念，形成的一种有别于传统法治观的新型法治观，这种法治观既关注现实世界中的人类关系、人类与非人类关系，也关注未来人类关系、人类与非人类关系、非人类之间的关系，法治调节和规范的主体范围已超越了传统法治调节和规范的主体范围。

（二）生态文明法治建设基本原则

生态文明基本法治原则是生态文明立法、执法、司法和普法以及司法队伍建设的基本原则。建构人与自然和谐关系，是生态文明建设的基本出发点和立足点。依法规制人与自然关系，是生态文明建设有效运行的保障。法治建设之于生态文明，具有引领作用和保障作用。生态文明法治建设是我国法治建设的重要组成部分，是生态文明领域治理现代化及其物质基础、精神基础、文化基础和政治基础的法律规范保障，是维系生态社会发展的有效制度举措。根据生态文明领域治理现代化的制度安排要求，生态文明法治建设领域的原则除了坚持合理开发和利用原则、预防为主原则、综合治理原则、公众参与原则等，还应当重点持守以下几个原则。

1. 生态优先原则。就最终意义而言，经济发展与生态保护关系是经济利益与生态利益的关系问题，“从根本上看，两种利益同质同源、共生共进”。[①] 经济发展优先还是生态保护优先，经济利益为重还是生态利益为重，与国家的经济社会发展阶段密切相关。改革开放至今，我国处理二者关系的基本理路是：经济发展优先—经济发展与生态保护并重—生态保护优先，这与尚未解决温饱—基本解决温饱—进入小康社会的发展阶段相一致。目前，我国进入全面建成小康社会决胜阶段，实行生态优先和绿色发展理念，是生态文明法治建设的基本原则。坚持“生态优先”的原则，能从根本上解决生态保护与资源开发的矛盾。自然资源法和生态保护法的立法目的、精神、对象不同，自然资源法注重开发利用，生态法强调保护优先，用生态保护对冲资源利用的负面效应。生态优先原则适用生态保护领域，也适用资源开发利用领域。

2. 整体性原则。世界是由自然系统、人类社会系统和人类精神系统以及各种要素、因子共同构成的整体，各种系统之间既相互作用、相互制

① 王灿发：《论生态文明建设法律保障体系的建构》，《中国法学》2014 年第 3 期。

约，又相互依靠、共生共荣。基于世界整体性的认知，产生了生态文明建设的整体性原则。这一原则告诉我们，人类社会系统仅仅是整个世界系统很小的组成部分，人和人类社会的生存发展必须与其他系统进行能量和信息的交换才能实现。基于生态文明建设整体性原则的要求，我们要正确认知我国经济社会发展与世界经济社会整体发展关系，应将我国经济社会发展作为世界经济社会发展的一个组成部分，这是其一；其二，应将我国经济社会作为一个整体系统，用全面系统和整体思想，审视人、自然、社会的相互关系，洞悉经济社会发展不同要素之间的相互关系，用历史性、发展性、系统性和整体性方法和观点，评价我国经济社会发展和生态环境保护进步取得的成效。根据新发展方式和发展理念的要求，生态文明法治建设必须遵循整体性原则，从立法精神到立法原则，从环境执法到环境司法，都应遵循整体性和系统性原则，重点是将生态文明法治建设融入经济、社会、文化、政治建设之中。

3. 可持续原则。这一原则告诉我们，可持续性环境支撑能力、可持续性的资源利用能力、可持续性的生态承载能力，是可持续性经济增长能力的基础。兼顾考虑当代人和未来人发展问题，兼顾考虑自然资源永续利用和社会的永续发展，是生态环境治理法治化的方向和重点。“要坚持节约资源和保护环境的基本国策，坚持可持续发展，坚持走生产发展、生活富裕、生态良好的文明发展之道路。”[①] 以实现人、自然、社会以及当下未来协调发展为目标，要求以节约资源能源、保护生态环境、实现资源的永续利用和社会的永续发展为前提，实现人口、经济、社会的协调永续发展。

4. 平等公正原则。坚持平等公正原则，对生态文明法治建设有强烈的针对性和现实性。近年来，我国生态文明及其法治建设成就斐然，但仍有许多重大掣肘问题亟待破解。这一原则要求我们，任何经济发展方案和利益分配设计，必须按照平等公正原则，依法规制当代人之间环境保护和资源利用的权利、义务和责任，更为重要的是，还要依法规制当代与后代人利用自然资源的义务和权利。

---

① 《中国共产党第十八届中央委员会第五次全体会议公报》，人民出版社2015年版，第11页。

5. 合理开发利用原则。即要科学合理地开发利用自然环境、资源和能源，最大限度地节约资源、保护环境、合理开发能源，实现资源和能源的再生与发展。如党的十八大提出的“坚定不移实施主体功能区制度，建立国土开发保护制度，按照主体功能区的定位推动发展，建立国家公园体制。建立资源环境承载能力检测预警机制，对水土资源、环境容量和海洋资源超载区域施行限制性措施”[①]。要根据全面推进依法治国和全面建成小康社会的要求，从法治建设的理论与实践层面，理清相关问题，形成保障建设资源节约型、环境友好型、人与自然和谐发展的法律制度体系，从立法、执法、司法、普法等方面保证自然资源的科学合理开发利用。

6. 预防为主原则。预防原则就是通过生态文明法治建设帮助公众树立生态意识、环境保护意识，严格遵守环境法律制度和生态文明制度，各级政府将保护生态环境作为优先选择，建构环境风险防控机制，经济发展的政策必须与环境保护法和生态文明建设的要求相一致。预防为主原则的目的在于防患未然，这是生态文明法治建设前移原则，是生态法治和生态文明制度建设的治本之策。

7. 综合治理原则。生态问题具有公共性、多样性和整体性的特征，诱发成因具有复杂性、多样性和不确定性等，损害后果具有长期性、潜伏性和多元性，涉及的法律法规繁多，牵涉的管理部门繁多，生态保护中，“由于政府的多个部门的管理职能与之相关，并且存在着事实上的利益关系，必然存在着权力的竞争”。[②] 这是导致“九龙治水”局面出现的根本原因，生态环境功能的多样性导致任何一个管理或治理部门很难将生态环境的所有功能纳入自己的管理范围，实现管理权责的明晰划分。因此，必须确立综合治理原则，消解“单一执法思维”和“设立一个统管机构”的思维，“在国家层面，设立以环保部为综合统管部门、各相关部门参与的管理体制，赋予其独立的监管职权；在地方层面，可以根据不同区域的情况以及环境污染或生态保护的重点，实行区域监管体制，分别授权；与此同时，高度重视企业、社会公众的知情权、参与权、表达权、监督权，

① 《中共中央关于全面深化改革若干重大问题的决定》，人民出版社 2013 年版，第 53 页。
② 吕忠梅：《生态文明建设的法治思考》，《法学杂志》2014 年第 5 期。

积极鼓励企业、社会公众参与，形成多中心、多主体参与治理的监管体制”。[①]

8. 公众参与原则。形成生态环境治理专家、企业、公众的多元主体参与，既是实现生态环境立法科学性、民主性的基本要求，也是保障公众参与权、知情权、表达权、监督权的有效机制。破解生态环境问题，必须在主体参与广泛、多方沟通协商的基础之上，形成制度性参与合力。生态治理中的公正、平等、理解、合作等要素的程序性配置建构与细化也是保证公众有效参与的重要内容。“专业人士应立足专长作出客观中立的事实判断；普通大众基于各自立场表达凝聚利益诉求的价值判断；社会团队可基于专业技能和公益宗旨分别发挥事实判断和价值判断的功能。相应地，行政机关需为各主体建立多元参与渠道和平台，并综合考量相关事实与价值判断给出最优方案。”[②]

① 吕忠梅：《生态文明建设的法治思考》，《法学杂志》2014 年第 5 期。

② 王灿发：《论生态文明建设法律保障体系的构建》，《中国法学》2014 年第 3 期。

第十章　生态文明建设的法理分析

在人类文明历史的嬗变进程中，生态文明是迄今为止最高级的人类文明形态。生态文明建设是人类文明发展的必然趋势，是我国全面建成小康社会的一项重大系统工程，是科学发展观的重大理论创新和突破。党的十七大报告第一次把生态文明建设写入党的行动纲领，要求在全社会牢固树立生态文明观念。党的十八大报告将生态文明建设提到“建设美丽中国，实现中华民族永续发展”的新高度。[①] 党的十八届三中全会强调“用制度保护生态环境”,[②] 生态文明建设真正走上法治化和制度化之路。党的十八届四中全会把生态文明建设纳入全面推进依法治国整体部署之中。党的十八届五中全会提出坚持绿色发展理念。生态文明建设是实现中华民族伟大复兴，实现国家治理体系和治理能力现代化的一场深刻变革。从法治维度推进生态文明建设，形成生态文明与法治文明的互动互蕴、相互作用、共同发展，有独特的意义和价值。

一　生态文明建设的法律内涵与价值

生态文明法治建设是当代法治理论与法治实践的重要课题。作为一种新的文明形态，生态文明建设的理论和实践，必将对当下法治建设产生重要作用和影响。生态法治建设是生态文明建设的重要内涵，既有的法治理论与实践，特别是成型的环境法律和法律制度体系，将对生态文明建设产

---

① 胡锦涛：《坚定不移沿着中国特色社会主义道路前进 为全面建成小康社会而奋斗》，人民出版社 2012 年版，第 39 页。

② 《中共中央关于全面深化改革若干重大问题的决定》，人民出版社 2013 年版，第 52 页。

生重要的保障作用。通过法治理论和法治实践的创新，健全和完善环境法律及其法律制度，将为生态文明建设提供重要的引领作用。生态文明与法治、生态文明建设与法治建设的互动关系，主要包括“生态文明对法治、生态文明建设对法治建设的影响”和“法治对生态文明、法治建设对生态文明建设影响”[①] 两个相关的层面。

（一）生态文明建设有助于法治建设的生态化

前已述及，生态文明是一种新型文明形态，是人类遵循经济社会发展规律和自然生态嬗变规律，正确处理人与自然、环境与经济以及人与社会关系取得的物质成果、精神成果、制度成果等的总和。生态文明既是人与自然和谐共生、良性循环、协调发展、持续繁荣为基本宗旨的文化伦理形态、理念与价值取向[②]，也包含着多样化的生态保护活动及其文明成果。人类保护自然和维护生态安全的生态法律意识、法律制度、法律机制，以及生态科学技术、组织机构、实践活动也是生态文明的重要内容。法治生态化是法治建设适应生态治理要求，依法调整人与自然关系、经济增长与环境保护的价值追求。法治生态化主要表现为：

1. 法律体系的建构和法律法规的立改废释要体现生态化或绿色发展的要求。法治建设的生态化是生态文明建设的题中应有之义。法治建设生态化是一个内涵丰富的架构体系，蕴含着法治理念生态化、法治思想生态化、法治思维生态化、法治文化生态化，还包含法治经济生态化、法治社会生态化、法治政治生态化、法治道德生态化等，是法治建设多维度、多空间、多领域的生态化。法治建设生态化以生态文明观为指导，以当代人类生态学为理论旨归，以当代生态系统论为基本方法，以实现生态文明为目标，以构建环境友好型、资源节约型、生态经济型和人与自然和谐型社会为最终目的。

法律体系的建构和法律法规的立改废释的生态化旨意，在于必须综括生态文明建设内涵，彰显生态文明建设特征，具体表现为生态文明的法律

---

① 蔡守秋等：《生态文明建设对法治建设的影响》，《吉林大学社会科学学报》2011 年第 6 期。

② 同上。

法规，包括宪法、行政法、民商法、经济法、环境法、资源法在内的各个相关法律部门和整个法律体系的生态化。因此，基于生态文明的要求，构建反映生态文明需要、服务生态文明发展、保障生态文明运行、实现生态文明治理目标的法律制度和法律体系，把公正、公开、公平原则贯穿于构建生态文明法律制度和法律体系全过程，完善生态立法的体制机制，坚持立改废释并举，增强生态环境立法的及时性、系统性、针对性和有效性，是生态文明建设和生态法治建设的基本要求。“用严格的法律制度保护生态环境，加快建立有效约束开发行为和促进绿色发展、循环发展、低碳发展的生态文明法律制度，强化生产者环境保护的法律责任，大幅度提高违法成本。建立健全自然资源产权法律制度，完善国土空间开发保护方面的法律制度，完善生态补偿和土壤、水、大气污染防治及海洋生态环境保护等法律法规，促进生态文明建设。”①

2. 环境法律监督实施要更好地适应生态文明建设的需要。环境法律的权威在于环境法律监督实施，环境法律生命力也在于实施。环境法律的实施是指环境法及其相关法在社会生活和生态文明实践中被人们实际施行。法是一种社会行为规范，立法而不实施，法律仅是应然状态和书本上的法律；法律的实施，是将法律从应然状态转化为实然状态、从书本之法化为实施之法，从抽象行为规范化为具体行为准则。法律实施主要包括执法、司法、守法和法律监督。

一是执法是法的实施之重要组成部分和基本方式。广义执法包括一切执行法律、适用法律的活动。狭义执法是国家行政机关和法律授权委托组织及其公职人员依照法定职权和程序，行使行政管理权，贯彻实施法律活动。法的生命力在于法的实施。国家制订法律，就是要使其在社会生活中得到遵守和执行，否则法律将变成一纸空文，失去其应有的效力和权威，因此，高度重视执法，是现代社会实现法治国家的必然要求。二是司法是法的实施之重要环节和基本方式。在法律实施中，司法是保障法律公正的最重要和最后关口，亦是最重要和最实效的举措。三是守法是法的实施之主要要件和重要方式，是国家机关、社会组织和公民个人依照法的规定，

---

① 《中共中央关于全面推进依法治国若干重大问题的决定》，人民日出版社 2014 年版，第 14 页。

行使权利（权利）和履行义务（职责）的活动。守法是法的实施的一种基本形式。四是法律监督是法的实施之有效方式。法律监督包括立法机关监督、行政监督、司法监督、政协监督、社会舆论监督和公众监督等。生态文明建设和生态法治建设对环境法律实施提出了新的要求。“生态文明要求法律实施和法律监督适应和服务于生态文明建设的需要，使生态文明建设依法进行，有效地发挥法律在生态文明建设中的调整作用、规范作用、奖惩作用和保障作用。”①

3. 普法和法治文化建设要适应和服务生态文明建设。生态文明要求法律共同体和法律智库必须树立生态理念、增强生态意识、树立科学的生态文明观，根据生态文明和绿色发展要求，认真研究生态法治，加大生态教育和宣传的力度。

生态文明建设既需要绿色技术的创新发展，又需要法律、法规的完善和发展；既需要生态文明制度的顶层设计，又需要具体政策和实施方案的引领。就根本而言，公众形成良好生态文明意识和内在的生态文明信仰才是生态法治建设的根本保证和基本路径。

当前公众生态知识普遍缺失、生态保护参与度低、生态法治观念淡薄、生态保护依赖心理重，这是制约生态文明建设的重要原因。没有形成完整系统的生态文明教育体系，片面追求经济指标和短期效益，一体化的生态文明建设制度缺失，公众自觉参与环保意识差是根源所在。因此，实现国家、社会、政府生态治理能力现代化，尤其实现政府生态治理能力和治理体系现代化，是培育公众生态文明意识的根本之举。

一是加强经济社会生态政策的调整，建构环境保护的法治协调机制，完善公众参与环保的体制机制，保护公众参与和践行生态伦理和生态法治的积极性。二是发挥传统媒体和新媒体的作用，引导公众树立生态文明意识。弘扬生态文化是培育公众生态文明意识的基础性工作。公众生态文明意识缺失从根本上说就是生态文化缺失。在整个社会营造和谐的生态文化氛围，形成科学的生态文明制度和生态文化，将经济社会发展指标与生态文明建设指标紧密结合，才能推进人与自然、人与社

① 蔡守秋等：《生态文明建设对法治建设的影响》，《吉林大学社会科学学报》2011 年第 6 期。

会、人与经济的协调发展，推进人、自然、社会的可持续发展。三是充分发挥新媒体的优势效应和引领作用，实现生态文化和生态文明传播的现代化、信息化和互动化，形成更加常态化和亲民化的生态文明传播形势，才能实现公众生态文明意识自觉化和内在化的目标。四是学校教育和传统教育相结合。培育公众生态文明意识和内化生态文明信仰，学校教育和专业教育是一个最重要的路径，在生态文明教育和生态文化建构中有着不可替代的作用。从幼儿园教育到大学教育，从大学本科到硕博教育，建立梯次生态教学、教育和研究模式，逐步深化和拓展生态文明教育和生态文化建设的内容，在教育系统和研究体统中加大普及环境法律的力度，建构学校生态文明教育的现代机制和创新模式至关重要。学习探究中国传统文化中的生态伦理和生态法治思想，挖掘中国传统文化中生态文明教育的精华，借鉴域外生态文明教育的成功做法，对培育公众生态文明意识，树立生态文明理念，建构生态文明文化，具有优先的价值和意义。

4. 国家间法治建设合作要有助于推进全球环保事业和国际社会生态化进程。地球是人类和所有物种共有的家园和依托，是一个整体性、完整性的生态系统，因之，跨国性、全球性和无限延续性是生态环境问题的重要特征。生态环境问题的跨国性、全球性和无限延续性，决定了建构生态文明建设体系具有全方位、全因子、整体问题以及局部问题交叉影响等特点。东西方国家和南北半球国家的经济社会发展不平衡、地理位置的巨大差异，要求保护生态环境必须有共同一致的普遍生态文明观及其行动观。达成普遍的生态伦理和生态法治与国家间各种相关契约和宣言，实现全球范围内污染的广泛监测和调查研究成果共享，交流生态环境保护的知识与经验，必须加强全球范围内的广泛合作。国际合作是国际环境立法、契约和宣言以及国际环境法实施的重要前提条件。唯有通过国家间的交流与合作、共享与发展，寻求国际生态环境防治的“共同意志”，制订体现各国之间协调意志的国际环境法规则、契约和法规，克服不同制度架构下的政治、司法制度等方面的差异，有效达成普遍生态伦理和生态法治的“共同意志”，才能普遍尊奉和有效实施保护生态环境方面的国际环境法规则和契约。

（二）生态文明建设有助于法治建设的发展创新

生态文明是基于环境保护、生态学和生态保护运动而产生的一种处理人与自然环境、人与社会关系的文明形态。保护生态环境是其基本内涵，调节人与自然关系是其主要向度，实现人与自然和谐是其主要目的，推进永续、循环、绿色发展是其基本维度。改革开放40多年来，我国生态文明建设和环境资源保护的立法、执法、司法、普法以及相关的法律人才培养成效显著，但应该明晰的是，目前，我国生态环境保护远远落后于经济社会发展，生态恶化、环境破坏、资源短缺，已经成为经济社会可持续发展、美丽中国建设、实现绿色发展和全面建成小康社会的最薄弱环节和主要短板。

1. 以绿色发展为主要方向，法治的生态化和生态的法治化需要双向发展，环境资源法治建设是生态文明法治建设的重中之重。法治生态化法治对生态文明理论和实践的一种亲和性反应，实现环境资源法治的生态化转向，是其核心和关键。因之，环境资源法治发展创新的最重要路径，是更科学地符合生态原则的要求，将维护保障生态系统、有效实现人与自然和谐共生这一生态文明建设的目标，作为不断完善环境资源法治的基本向度。在当下生态法治建设中，主要体现为环境资源法调整的范围、对象的突破和环境资源法的立法精神、立法目的和保护目标的生态化转向。

2. 环境资源法治建设必须适应生态文明建设的需要，要服务于生态保护的总目标。生态文明领域的法治建设要重点关注人与自然和谐、主体功能区建设、低碳循环发展、资源节约与利用、环境整治、生态屏障构筑等多个层面，适应生态文明和“绿色化”发展新阶段的基本要求。要从我国环境保护和绿色发展的现实和未来要求出发，根据我国环境资源立法的现状，正视我国法律和生态环境的嬗变规律以及二者的互蕴互动关系，坚持创新、协调、绿色、开放、共享发展观，坚持资源节约和环境保护，推进生态文明领域的治理现代化，实现环境领域治理法治化，推动以法律维护生态正义。要以“为全球生态安全作出新贡献”为前提，以保护整个地球生态环境为担当，将生态环境发展问题放到全球化的背景下加以考量，以建构综合系统治理和环境“善治”为导向，以维护环境公益和规范政府权力为重点，以更加积极主动的姿态共同构筑生态环保国际新格局为目标，为生态文明建设提供科学全面有力的法治保障和法治制度环境。

3. 环境资源法治建设生态化必须以生态文明观为指导。将环境资源法提升为生态法是生态文明建设提出的新要求，是生态文明建设的内在需要和实现生态文明良法善治的最终目标。“生态法是反映当代生态学新理论、新理念，旨在保护和改善生态环境，维护生态平和和生态安全，合理开发和可持续利用自然资源，建设和谐社会、环境友好社会、资源节约型社会和生态文明社会，促进人与自然的和谐相处，保障经济、社会和可持续发展的各种法律规范和法律表现形式的总称。”它是环境资源法进一步发展的产物，是环境资源法的高级形式。[①] 生态文明法治建设必须注重绿色发展方向，必须注重生态保护和资源节约，必须注重发展的可持续性和永续性。生态文明法治建设是保障实现绿色生产发展最有效的制度，是规制人类生态行为最有效的制度，是实现“两型”社会目的最有效的制度，是实现保护生态安全目标最有效的制度。总之，生态文明法治建设要以生态价值观和生态文明价值观为引领，依法规范生态主体意识、生态行为活动、环境利用行为，依法引领形成生态系统有限观、生态系统和谐观、生态元素价值观，构建生态法治体系和法治制度。

4. 生态文明建设要求建立健全适应生态绿色发展要求的法律法规和法律制度。“自觉运用法治思维和法治方式推进改革，实现深化改革与法治保障的有机统一。研究改革方案和改革措施要同步考虑改革涉及的立法问题，做到重大改革于法有据。将实践证明行之有效的改革举措及时推动上升为法律法规。需要突破现有法律规定先行先试的改革，要依照法定程序经授权后开展试点。通过法治凝聚改革共识、防范化解风险、巩固改革成果。”[②] 实现法律对经济增长方式和经济结构优化的引领保障目的，必须加快与生态文明建设相关的生态经济、绿色企业、环保技术、循环经济、低碳出行等法律法规和法律制度建设，自觉用法治思维和法治方式推进生态文明体制改革，实现各种形式的生态经济法律制度建设相互支持、

---

① 蔡守秋等：《生态文明建设对法治建设的影响》，《吉林大学社会科学学报》2011 年第 6 期。

② 《关于 2015 年深化经济体制改革重点工作的意见》。

相互兼容，避免立法内容、精神、目的冲突和执法、司法无所适从的问题。

二 生态文明建设的法律作用机理

在资源紧缺、环境污染、生态退化和经济转型升级的大背景下，全面完成和如期全面建成小康社会的目标，必须坚持绿色发展方式，“必须坚持节约资源和保护环境的基本国策，坚持可持续发展，坚定走生产发展、生活富裕、生态良好的文明发展道路，加快建设资源节约型、环境友好型社会，形成人与自然和谐发展现代化建设新格局，推进美丽中国建设，为全球生态安全作出新贡献”。[①] 生态文明是全面建成小康社会的重要内涵和基本指标，是建设富强民主文明和谐美丽的社会主义现代化强国的重要组成部分。从法治建设的维度，探究我国生态文明建设存在的问题和不足，基于法律制度和法律法规构建的要求，探究生态文明建设内涵及其法律作用机理，是实现生态文明制度国家顶层设计到地方具体实施的重要之举。从公众的法治认知、法治信仰、法治文化、法治理性入手，推进法治认同和法治内化，生态文明法治建设目标方能实现，生态文明建设的法律实施，如执法、司法、守法和法律监督，才能事半功倍，行之有效。

（一）生态文明建设亟待构建法治保障体系

生态文明是当代和未来先进的文明形式，在世界范围内已得到普遍认可和遵行。许多国家和民族已经将生态文明从一种理念转变为一种社会现实，一种普遍的经济、社会、文化制度。我国工业文明起步较晚，资源紧缺、环境污染、生态退化等问题，在经济高速发展后逐渐暴露出来。因此，在我国生态文明建设中，要把生态文明真正从一种理念变成一种社会现实和社会制度，各种治理手段需要共同发力、协同推进，其中法律规范的确认、推动、调整必不可少，而且具有稳定性和持久性。

1. 生态文明建设法律保障体系构建的必要性。法律规范的确认、推

① 《中国共产党第十八届中央委员第五次全体会议公报》，人民出版社 2015 年版，第 11 页。

动和调整是生态文明从理念转变成现实的中介和桥梁，是生态文明建设持续发展的强大制度力量。

首先，生态文明是人类自然观根本转变和重新定位的文明形式。在生态文明视域下，人与自然的关系不再是传统生产力理论定义的“改造与被改造、征服与被征服”关系。节约资源、保护环境、维护生态平衡是生态文明的基本向度。这是一种以人与自然的关系为主要调整对象、以人与自然和谐为主要宗旨的整体性、普遍性文明形态，是融生态学、环境学、生物学、地理学、经济学等基本理念为一体的新型文明形式。人的自然价值观转变要求我们，必须重新反思已有的立法目的、精神、制度、原则和规范，必须全面反思和更新相关法律体系，重新构建生态文明建设的保障体系。

其次，生态文明是人类对经济、社会、文化发展方式的理性反思形式。当下世界范围内的经济、社会、文化转型是大势所趋。希冀高质量发展和亟待经济转型的中国，必须树立法治思维方式，以法律的调整、推进和规制作为转型的先导。走出工业社会高污染、高耗能和粗放型的生产模式对自然和人类生存环境破坏的困境，重构包括人类在内的生态系统的新平衡，亟待以普遍性的法律规范统筹、协调、调节相关领域的建设。

再次，生态文明是全球生态治理制度化的反思形式。气候变暖、土地沙漠化、森林被毁坏、臭氧层破坏、海洋污染、生物多样性锐减，是全球共同面临的难题，非一国一组织所能解决，更非单一国家的法律体系所能化解。生态治理需要世界上所有国家根据全球生态文明发展现状和发展趋势，达成系列国际环境条约和全球环境宣言等软法性文件，建构一套具有较强约束力、全球性、行之有效的生态文明建设法律体系和契约文件，并根据全球生态变化的情况和生态治理的重点，进行本土化的补充、完善、创新、再造。

复次，生态文明对传统法律方法、原则和思维方式有巨大影响。作为一种新的文明形态，生态文明独有的内涵和崭新的视角切入，必然要求实现传统发展方式的转型和相关制度的超越。基于生态文明视域下人类思维方式和价值取向的改变，传统工业文明架构下的世界观和方法论必须进行转向和调整。认知与自然关系的世界观和方法论的转型与调整，反映在实体法和具体制度构建上的具体表现，就是法律生态化和绿色化的发展趋势。建构一种新型的人与自然关系，形成物我一体、赞天地之化育之新世界观和生态观，并以规范化和制度化的法律体系和法律制度作为底线规定，是生态文明制度建构的内在要求，也是对传统法律方法、原则和思维方式的内在超越。

最后，生态文明内含的制度文明亟待法律体系的保障支撑。生态文明包含着物质文明、精神文明、政治文明、制度文明等多方面的内容。就价值取向而言，生态文明建设，必须树立先进的生态伦理理念。物我一体，万物共生，人是自然的一部分。培育生态文化，增强生态意识，构建生态道德是前提。就物质基础而言，必须发展生态经济，对传统产业进行生态化改造，发展节能环保等战略性产业，增加绿色经济、循环经济和低碳经济在整个经济份额中的比重，实现经济绿色转型。就制度建设而言，注重生态权利，注重环境正义，注重生态义务，构建生态文明法律、政策、方案、规划的贯通治理机制，对形成长期性和系统性的生态文明制度，至关重要。“生态文明建设的法律保障体系作为生态文明的必然组成部分，不仅关系到我国生态文明与法治建设的成功与否，还关系着我们民族的未来和中国特色社会主义宏伟蓝图的实现。这样的法律体系将成为调整经济建设、政治建设、文化建设、社会建设各方面协同发展中生态问题的制度关键，也是扭转当前生态环境恶化、生态系统退化和生态文明建设滞后的制度保障。”①

（二）生态文明建设亟待法律保障体系创新

生态文明建设是一个系统工程，是一个长期性、战略性、持续性不断提升的进程。只有以科学的生态文明理论为指导，以制度化创新为保障，以法治化建设为支撑，才能事半功倍。当前，制订、修改和完善生态文明建设的相关法律法规，加快资源、环境、生态法律法规的修改进程，重点修改和完善土地管理法、水法、环境保护法等相关的法律法规，积极推进各种资源的综合立法进程，在生态文明视域下实现法律保障体系的创新，具有重要现实意义。

目前国家层面的《生态文明体制改革总体方案》已经出台，该方案

① 王灿发：《论生态文明建设法律保障体系的构建》，《中国法学》2014 年第 3 期。

从“生态文明体制改革的总体要求、健全自然资源资产产权制度、建立国土空间开发保护制度、建立空间规划体系、完善资源总量管理和全面节约制度、健全资源有偿使用和生态补偿制度、建立健全环境治理体系、健全环境治理和生态保护市场体系、完善生态文明绩效评价考核和责任追究制度、生态文明体制改革的实施保障”等方面，对我国生态文明体制的改革作了顶层设计和规划，将法规制度体系列为首位，凸显法律法规和制度体系建设在生态文明建设中的地位和作用。

但是，要把方案设计的内容落实到位，必须配套法律法规的设计和实施规划。尽管我国还没有针对生态文明的专门立法，但环境、资源、大气、固体废物管理、噪声污染管理、海洋环境管理、放射性污染防治等方面的立法，在一定程度上都是对生态文明建设的保障和支撑。我国《宪法》第九条第 2 款规定：“国家保障自然资源的合理利用，保护珍贵的动物和植物。禁止任何组织或者个人用任何手段侵占或破坏自然资源。”第二十六条第 1 款规定：“国家保护和改善生活环境和生态环境，防治污染和其他公害。”这是生态文明建设法律保障体系的基本依据。

2015 年 1 月 1 日起实施的新《环境保护法》开宗明义：“为保护和改善环境，防治污染和其他公害，保障公众健康，推进生态文明建设，促进经济社会可持续发展，制定本法。”第四条规定：“保护环境是国家的基本国策。国家采取有利于节约和循环利用资源、保护和改善环境、促进人与自然和谐的经济、技术政策和措施，使经济社会发展与环境保护相协调。”第五条规定：“环境保护坚持保护优先、预防为主、综合治理、公众参与、损害担责的原则。”《环境保护法》从整体上提出了我国环境保护的基本方略。

同时，根据环境保护需要，国家制订了一系列污染防治和资源、环境保护的法律和政府规章，各省也制订了相关配套法律法规、政府规章和条例，如固体废物、噪声污染、放射性污染、化学品污染防治的法律法规，大气、水、海洋、土地、森林、草原、水资源、矿产、煤炭等方面的法律，并规定了环境应急、环境监察、环境监测、环境立法、执法程序、环境司法、环境损害评估、军队环境保护等法律程序和原则。

但需要引起重视的是，由于立法的精神不同、立法的对象不同、立法的时间不同，上述法律有些还不是根据生态文明理念要求制订的，各种法律法规缺少一致性、统一性、协调性，行政色彩较浓，没有形成保护生态环境之规制性合力，这是导致生态环境保护不力、上下左右掣肘、部门推诿、环境执法不严和普法效果不佳的重要原因，也是导致我国生态环境恶化的体制性障碍。

因之，我国经济社会转型需要基于“五大发展理念”的要求，创建生态文明的法律保障体系、原则、制度和措施，以法律制度保障生态文明建设，这才是长久之计。

（三）建构生态文明建设保障体系的思路

构建生态文明保障体系，必须适应生态文明建设和“五大发展理念”的要求，以《宪法》为统领、《环境保护法》为主干，根据《生态文明体制改革总体方案》的要求，建构生态文明法律法规保障体系。要以习近平总书记关于生态文明建设的思想为指导，继承和发展环境资源法律的基本理念，坚持依法尊重自然、顺应自然、保护自然的理念，发展和保护相统一的理念，绿水青山就是金山银山的理念，自然价值和自然资本的理念，空间均衡的理念和山水林田湖草是一个共同体的理念，铭记生态文明的宪法地位和生态环境保护的宪法原则，自觉履行宪法之政府和公民在生态文明建设中的义务和责任，明确维护生态平衡和生态系统的完整性行为的宪法依据，将生态文明的宪法保障落到实处；要以《环境保护法》为主干，根据生态文明体制改革的要求，完善环境、资源、大气、固体废物管理、噪声污染管理、海洋环境管理、放射性污染防治等立法，加快相关法的生态化过程，制定亟待需要的环境、资源法律法规，健全节水、节能、节油、能源综合利用等方面法律；要主动学习参考发达国家生态文明法治的有关内容和原则，积极借鉴国际法、国家公约、国际条约和国际协议相关内容和成功做法，对现行法律进行全方位的重塑、改造、调整和创新，构建一个全面、立体的生态文明建设的保障体系。

（四）建构生态文明建设保障体系的原则

生态文明建设保障体系的构建原则要以习近平生态文明思想为指导，充分体现和反映我国生态文明建设现实状况、基本特征和发展方向，凸显我国生态文明制度建设的理念和指导思想，彰显生态文明法治的精神。这是生态文明法治规则制度的遵循要求和内部和谐统一的基础。

首先，要坚持生态优先的原则。从根本上说，生态保护和经济增长就是生态利益和经济利益、整体利益和局部利益、长远利益和眼前利益的关系。2015年1月1日起施行的《中华人民共和国环境保护法》规定："保护环境是国家的基本国策。国家采取有利于节约和循环利用资源、保护和改善环境、促进人和自然和谐的经济、技术政策和措施，使经济社会发展与环境保护相协调。""环境保护规划的内容应当包括生态保护与污染防治的目标、任务、保障措施等，并与主体功能区规划、土地利用总体规划和城乡规划等相衔接。"

经济增长与生态保护，抑或物质文明与生态文明，就其本质和最终目的而言，是共生共荣、相互促进、共同发展的。但因经济社会发展阶段性的存在，二者时常表现出极大的不一致，甚至出现矛盾冲突的情况。当经济发展水平和经济发展规模尚在初级阶段徘徊时，物质性的追逐往往成为优先的选择，这是导致工业革命早期环境污染的根本原因。当经济发展到一定水平和巨大规模时，传统的生产方式和发展模式以牺牲环境为代价获取利益的选择，具有严重的不可持续性；当经济增长与环境保护，或者经济利益与生态利益相冲突时，基于可持续发展和生态文明的要求，生态利益应成为制度和法律层面的优先选择，这是新修订的《环保法》的一个重要标志。

生态优先应成为生态文明保障体系建构的首要原则。因为"人类在进行开发建设、利用自然时，要想实现可持续发展，就必须首先考虑生态系统的环境容量，从而在法律上导致生态优先原则的产生"。[①] 所以"经过生态化的法律体系就是促进和保障生态化的法律体系，从这个意义上讲，法律体系的生态化不仅是构建促进和保障生态文明建设的法律体系的基本途径，也与构建促进和保障生态文明建设的法律体系具有相同的宗旨和意义"。[②]

其次，不得恶化的原则。基于环境保护和生态保护的要求，当前亟待约束违背人与自然关系、破坏生态环境、引发自然灾害的各种非生态治理

① 王灿发：《论生态文明建设法律保障体系的构建》，《中国法学》2014年第3期。

② 蔡守秋：《论我国法律体系生态化的正当性》，《法学论坛》2013年第2期。

行为，约束超越自然环境承载能力的不合理的破坏性的开发行为，约束以经济发展为借口，割裂生态文明与其他文明关系内在关系的行为。

《中共中央关于全面深化改革若干重大问题的决定》首次对建立完整的生态文明制度、源头保护制度、损害赔偿制度、责任追究制度、生态修复制度等做了明确的规定。《中共中央关于全面推进依法治国若干重大问题的决定》为生态文明建设的立法、执法、司法和普法以及环境保护的干部队伍建设指明了方向。党的十八届五中全会提出要坚持绿色发展的新理想。这些顶层设计，为生态环境保护以及生态文明法律保障制度的构建做了宏观的规定。

我国的《环境保护法》则对不得恶化原则做了详细的规定。如第十六条规定："国务院环境保护主管部门制定国家环境质量标准。省、自治区、直辖市人民政府对国家环境质量标准中未作规定的项目，可以制定地方环境质量标准；对国家环境质量标准中已作规定的项目，可以制定严于国家环境质量标准的地方标准。"第二十二条规定："企业事业单位和其他生产经营者，在污染排放符合法定要求的基础上，进一步减少污染排放的，人民政府应当依法采取财政、税收、价格、政府采购等方面的政策和措施予以鼓励和支持。"第二十五条规定："企业事业单位和其他生产经营者违反法律规定排放污染物，造成或者可能造成严重污染的，县级以上人民政府环境保护主管部门和其他负有环境保护监督管理职责的部门，可以查封、扣押造成污染物排放的设施设备。"

这些条款从不同层面对生态文明法律保障体系做了详尽规定。不得恶化的原则是环境保护的底线原则。实现生态文明建设的愿景目标，应在底线原则的基础上，进一步提升生态环境保护的水平和层级。只有如此，才能建构符合生态文明发展趋势的生态保护法律规范。因之，不得恶化原则是生态文明建设法律保障体系的重要原则之一。

再次，生态民主原则。生态民主原则是立法之民主性在生态文明领域的具体表现。生态环境保护是关乎利益多元、技术多元、制度多元的经济社会和道德法律问题。生态环境问题的破解需要政府、社会、专家、公民等共同参与、专业和非专业的共同参与、生产经营企业和普通消费者的共同参与、环保执法机构和社会公众力量的共同参与。要实现各方力量一致性的目标和最大化的环境保护利益，必须在平等、信任、民主的基础上进行磋商、沟通，在相互尊重的前提下，寻找和达成生态保护的立法、执法、司法和普法等方面的共识。近年来，环境问题引发的公众和专家学者的强烈关注，既说明环境保护的重要性已深入人心，又说明生态民主原则是生态文明法律保障体系构建的重要原则。

最后，共同责任原则。环境问题有公共性、多样性与整体性特点，环境问题的发生原因具有潜伏性、复杂性特点，环境损害后果具有长期性和严重性特点，环境问题的诱因发现具有复杂性、困难性特点，环境保护责任主体具有多样性、多元性特点，环境责任追究具有牵涉性、复合性特点。因此，必须明确环境保护的政府主体责任、环境保护部门的监管责任、环境执法司法责任、企业经营者责任、超标排放的企事业单位责任、损害赔偿责任和对公众造成损害的责任等。损害付费原则、集体负担原则、共同负担原则和收益补偿原则是很多专家学者青睐的共同责任原则的基本内容。

总之，上述四个原则是相互配合、相互作用、互相支持的关系，是生态文明法律保障体系建构的基本原则，是生态文明法律法规框架形成的基本要求。

第十一章　生态文明制度体系

生态文明建设是我国五大建设之一，是加快转变经济发展方式，提高发展质量和效益的内在要求，是坚持以人为本，促进社会和谐发展、实现“两个百年”目标的理性选择，是人类保护生态环境，维护全球生态安全，实现永续发展的应尽责任。根据依法治国和生态文明建设需要，基于生态文明体制改革的总体要求，建构完整系统的生态文明制度体系，以规则与制度之治，引导、规制各类开发、利用、保护自然资源的活动，依法保护生态环境，实现人与自然调节的制度化有重要意义。

一　生态文明制度

几年来，我国生态文明体制改革步伐加快，生态文明制度建设成效显著，生态文明制度体系基本形成。

（一）生态文明制度的法理基础

1. 马克思主义自然观是生态文明制度的哲学基础。人与自然的关系问题是人类一切关系的基础和前提。西方的自然观历经古希腊有机自然观、中世纪神学自然观、近代机械自然观三个重要时期，作为处理人与自然关系的哲学范式，未能形成高级形态的文明——生态文明的哲学观照。工业文明以近代机械自然观为指导，诉诸人类中心主义的价值观和伦理观，未能成为正确处理人与自然关系的理论基础，以征服改造为主旨的技术理性和传统工业文明走向了反面，生态环境问题已成威胁人类生存的全球性问题，严峻的生态环境问题折射出的是人与自然关系的高度紧张，这要求我们必须重新审视人与自然的关系，反思人类的生产方式、生活方式和消费方式；要求我们必须以马克思主义关于人与自然关系的哲学思想为指导，重新审视不同文明范式下的人与自然的关系，实现人类文明的高级演进。

马克思主义哲学自然观是对传统自然观的继承和发展，人与自然的关系是马克思主义自然观的核心。马克思主义哲学所关注的是现实的自然，而不是抽象的自然。马克思主义自然观包含着丰富的内容，对人与自然的关系做了辩证的思考。尽管马克思主义哲学自然观提出了自然的自然、感性的自然、人化的自然、价值的自然、历史的自然、人周围的自然、人类学的自然、人自身的自然等概念，这些也曾是马克思主义自然观所关注的内容和对象，但马克思主义哲学自然观中的自然是在人类社会实践中生成的自然界，是"人化自然"，是人的现实的自然。人与自然的关系，是现实的人与现实的自然界的关系，而不是抽象的人与抽象的自然界的关系，解决人与人关系的问题是解决人与自然关系的问题的前提，这是生态文明必须从人与自然、人与人、人与社会三个维度进行理论设计与制度构建的出发点。

马克思主义关于资本主义生产关系造成全球性的生态危机理论，深刻阐述了资本主义生产关系下人与自然关系存在的冲突和矛盾。资本主义生产关系是一种以逐利为主的模式，是以破坏生态环境、消耗能源和世界范围内掠夺资源，来满足无限制物质贪欲的方式，这是导致经济危机和生态危机的根本原因。因此，我国的生态文明建设必须在社会主义生产关系的基础上，建设适合新时代中国特色社会主义的生态文明制度。改革开放 40 多年来，我国对生态文明建设的认知更趋理性和自觉，尤其是党的十八大以来，随着"五大建设"的整体推进，我国关于生态文明的制度建设，既有顶层的制度和法律设计，也有实施的具体制度和路线图出台。基于美丽中国建设和可持续发展实践，我国保护生态，规避生态恶化、资源短缺和环境危机的有效方式和方法，就是建立一套完整、系统、稳态的生态文明制度，完善和制订一系列环境法律法规，建立健全刚性和恒久性的制度体系，以规范和处理人与自然的各种关系。

2. 马克思主义实践思想是生态文明制度的基本理念。马克思主义自然观是人化自然观，是以实践论为基础产生的。马克思主义人化自然观的形成和新世界观的转变，是马克思主义哲学的形成基础。人化自然观是马克思主义哲学的重要组成部分。马克思主义哲学从实践出发去考察理解自然，克服了机械唯物主义自然观的缺点，肯定自然物质世界是不以人的意志为转移的客观存在，形成了崭新的唯物主义自然观、认识观和实践观，实现了哲学自然观的伟大变革。马克思主义哲学从实践自然观出发，以社会实践为基础和源泉，认识和解释自然界，探究自然发展规律及人对自然的认识规律，从而更好地认识人类社会发展规律。以马克思主义科学自然观为指导，生态文明建设规划布局和法律法规设计，既要尊重物质世界客观规律，又要凸显人的主体能动性，在生态文明法治建设中，首先要依法保护自然环境，依法确认自然环境的权利。

3. 马克思主义价值观是生态文明制度的价值导向。马克思认为“社会是人同自然界的完成了的本质的统一，是自然界的真正复活，是人的实现了的自然主义和自然界的实现了的人道主义”。[①] 人与自然关系是人类社会的基础关系，是各种文明形式无法离开的基本关系，是人类文明嬗变过程中必须面对和处理的基本关系。因之，以人与自然的关系演化为主线索，研究不同生产力条件下的生产方式和生活方式对外部自然的影响和作用，探究人类文明发展规律，意义和价值十分重要。

一是以科学自然观为基础，对生态文明法治建设进行哲学观照，将自然和自然价值视为生态制度设计的基本价值；二是以科学唯物史观为基础，回答和解释生态危机社会根源，对个体主体和群体主体发展进行哲学观照，将自然权利和自然法则视为生态文明制度的基本追求；三是以科学辩证思想为基础，将人类发展问题解决，优先诉诸自然发展问题解决，对增益服务生态文明的发展问题进行哲学观照。总之，从法的哲学出发，将科学的法的自然观、法的实践观和法的自然辩证观作为生态文明制度的导向有重要价值。

4. 马克思主义文明观是生态文明制度重塑的必然选择。人与自然关系的文明程度是人类文明程度的重要标志。人与自然关系的每一次跳跃，都是人类文明向更高级文明转型的先导。工业文明向生态文明飞跃标志着人与自然关系从“人是自然的主人”向“人与自然是命运共同体”的跨

① 《马克思恩格斯全集》第 42 卷，人民出版社 1979 年版，第 121—122 页。

越。自然是人类之母、人类之本和人类之根，是人类过去、现在和未来的希望所在。作为人类文明发展史上的一种现代高级文明形态——生态文明要求人类必须重新审视与认知自身与外部世界的关系，重构人与自然关系是生态文明制度的必然选择。生态文明制度是生态文明建设和生态治理的重要组成部分，是以生态文明理论为指导形成规制生态文明活动与行为的制度规范体系。

（二）生态文明制度体系

法律制度是生态文明建设行为的刚性规制。建构完善的生态文明制度体系，以稳定性的制度有效保障生态文明建设是最为重要的方面。生态文明制度首先应该是规制人的生态活动、目的、诉求、行为的制度，基于此，规制人从而保护自然是制度建构的主旨。生态文明法律制度是由若干法律制度构成的制度体系，是对环境法律制度的继承与发展。

1. 结合生态环境保护多样性的需求，制定生态文明建设急需的具体生态文明制度，依法化解制度不完善、滞后性问题。

一是创新和完善生态环境管理制度，建立相关企业排污监管制度，对不达标的排污企业和排污个体从严治理；完善碳排放的制度安排，分类管理相关企业；建立节能交易市场体制机制，实现节能交易制度化；加强税收法治建设，构建绿色税收管理制度；为国家或公益造成的生态问题，要加大补偿力度；明晰自然资源存量，将产权制度改革作为资源保护关键环节；严格政府长官管控自然的责任制度，形成在任责任、离任责任、终生责任追究制度。

二是创新自然资源的管理制度。明晰自然资源的国有属性，建立健全资源开发许可制度和监控制度；建立严格的能源开采许可制度，实行能源开采专管制度；建立自然生态资源有偿使用制度，依法维护自然生态资源的保值增值。

三是创新自然资源开发利用规划制度和管理制度。按照生态文明改革要求，突出重点、分类指导、科学安排，利用大数据、人工智能、云技术、遥感卫星，建立自然资源的信息管理平台、信息发布平台、信息反馈平台，将自然资源的项数据、类数据、子数据，整合为云数据，形成大数据资料库，为自然资源开发利提供数据支持。

四是创新环境管理制度，健全惩罚制度体系。建立由领导干部盲目决策造成生态环境损害责任终身追究制，建立个人和企业损害环境的损害赔偿制度等。

2. 结合生态治理多样化的要求，改革地方政府生态环境污染防治的行政体制，依法化解生态治理各种权力部门责任不清、不作为等问题。

一是要建构政府行政科学考核制度。要消除单纯经济增长为政绩的传统观念，将综合指标作为考核评价地方政府施政成就的指标，要由单纯经济指标转化为绿色综合化指标体系，科学设计指标体系的种类，既要单项考核资源指标、能源类指标、环境类指标和社会类指标，又要增加这类指标的考核频率和强度，逐渐增加这类指标的考核权重。

二是建立合理的考核办法和奖惩机制。在生态文明制度建设的过程中，要科学设置考核制度，避免追求短期效果和眼球效应，要将考核指标时间跨度、阶段性和长期性相结合，使生态文明建设的整体推进有更强制性的依据。

三是转变政府职能，建构公众参与的生态文明制度。首先，要建设民主型政府，实行决策民主化、信息公开化，在加大政府主导力度基础上，重点引导公众参与，探索生态建设的民主制度、民主形式、民主手段、民主路径等。其次，要从建设服务型政府出发，创造良好环境和良好发展条件，支持生态经济和循环经济的发展，将生态质量提升、自然资源资产的保值增值作为政府行政行为的评价内容。再次，全员学习生态知识，树立生态危机意识，站在社会、经济和生态环境协调发展的战略高度，建立全员主动参与的体制机制。政府要主动公开生态环境信息和环境事件事情，关乎公众环境权益的发展规划和项目建设，依法实行社会公示，也可以开听证会等，吸收公众正确意见建议，自觉接受社会监督。最后，要建立破坏生态环境的终身责任追究制度，强化生态行政能力，构建生态型政府，建立生态政策、规划、财政、审计支持体系，全方位推进生态民主建设。

3. 建立完善生态环境相关的契约安排。要建立健全人与自然关系的契约安排，如对生态环境的约束原则、法律、规章、条例、契约和行业规范等，用这种刚性和强制性的契约制度规范和约束各种不利于生态环境和生态文明建设的行为，为保护生态环境提供强有力的保障。针对这种将契约安排作为推进建设生态文明制度中的重要环节的观点，众多学者们从不同的角度提出自己的看法。

一是这种契约安排正式制度具有规范性、刚性和强制性，能保证生态文明建设沿着规范、有序路径推进，形成生态文明建设和生态环境治理的有效规制和指导。因此，将这种科学合理的契约制度安排纳入到生态文明建设的制度体系，有助于遏制破坏生态环境行为，以法治和契约有效保证生态文明建设。

二是加强环境法律法规衔接机制建设，以环保法为环境保护基本法，完善健全相关环境、资源等法律法规，统领相关环境资源法律法规。

三是转变立法理念，统筹环境资源立法，解决相关环境法律衔接不好、立法精神和立法内容冲突的问题。加快环境立法、资源立法步伐，转变立法理念，要从以人为中心转变到以自然为中心。在国家法制体系下，省级应主攻单项立法，突出本地特点，进行重点立法。

四是加强环境执法治理，提升国民的环境资源法律意识。

4. 加强生态环境保护和生态文明建设的软性制度建设。软性制度抑或非正式制度是无意识、非正式制订设计、约定俗成的规范，如民间法等。软性制度是人类长期社会实践的产物，是人们基于管理的需要无意识形成的民间制度规范。软性制度包括风俗习惯、社会舆论、意识形态、价值观念、道德观念等。与国家、政府正式颁布的法律、法规和规章不同，软性制度不是专门制订、没有正式颁布、没有正式条文，最大的特点是非强制性。软性制度是正式制度的重要辅助，助益正式制度更好规制人的行为，协同正式制度，维系社会正常运行，降低正式制度的执行成本。因此，在生态文明制度体系建设中，应高度重视软性制度建设。

一是培养公众生态美德。将软性制度建设融入生态美德之中，建立完善的环境保护的软性伦理制度文化，构建软性制度“自律体系”，形成软性制度意识自律机制，培育软性制度文化载体，形成软性制度文化的宣传机制，增强保护环境的软实力，提升全社会自觉遵守生态文明美德的能力。

二是培养公众生态理念。打造各种媒体传播渠道，融合各种媒体，创新媒体传播机制，以各种群众喜闻乐见的形式，宣教生态环保知识、生态环保理念、生态伦理、生态文化，使之深入公民内心，转化为自觉行动。

要普及生态理念、生态文明知识、生态文化，提高公众生态意识、环保责任意识、环境权利意识、生态自觉意识，形成物我一体价值观、万物相处的和谐观、自然至上的敬畏观、环境惠我的感恩观、生态化育的平衡观，增强生态责任、权利、义务意识，培养生态化生产方式、生活方式和消费方式。

三是以制度提升公众生态意识和生态责任。我国公民生态文明意识还处在较低水平阶段，生态环境意识薄弱，生态责任意识低下，生态法律意识缺失，公民之环境权利与责任意识、环境义务意识、环境维权意识，与我国生态文明建设的要求和目标设计相去甚远。因此，生态文明理念树立，最为重要的是必须加强生态文明建设的制度供给。

四是加强绿色发展理念的引导，形成绿色生产、交换、消费制度，倡导绿色低碳出行方式、交通方式、购物方式，建构社会绿色政策体系和绿色教育体系，将绿色教育纳入国民教育，营造绿色生活方式氛围，形成绿色生活和低碳生活习惯，这是生态文明建设的最佳境界，是生态文明建设最有效、最持久性的举措。

5. 加强生态文明制度的实施，普及生态文明建设相关知识。美国当代著名法学家伯尔曼教授认为“法律必须被信仰，否则形同虚设”，制度必须实施，才能行之有效。

一是生态文明领域治理现代化是我国实现生态文明建设目标的关键。生态环境制度的实施远比制度的建设更为重要，如果法不实施，法律制度的权威性就无法彰显，制度形同虚设，制度之刚性、强制性和规制性就无从谈起。生态文明法治建设是设计维度和实施维度的统一，立法之科学性、执法之严格性、司法之公正性、守法之全民性，与法之实施全面性密切相关。法治思维和法治方式的形成和运用，绝非一日之功。环境保护的长期性与经济发展的高质量性，亟待生态文明法律、法规、规章、条例、规划、方案配套进行。生态文明的制度体系建构，有优先意义和价值。

二是生态文明领域治理现代化要求各类制度如软性制度和正式制度规范化和科学化。软性制度和正式制度真正实现契合贯通，综合规制作用方能真正实现。为此，有必要从软性制度出发，形成掣肘因素消解机制、综合社会成本评价机制、制度体系互补机制、规范体系融通机制，以制度体系建设保障我国生态文明建设的有效推进。

三是生态文明领域治理现代化亟待决策机制和执行机制规范化。生态制度安排之决策机制和执行机制，如何实现规范有效，亟待法学研究机构和具体实务部门进行双向探索。形成正式制度与软性制度的机制贯通、功能相向，制度安排方能有效实施。因此，生态文明制度安排的规范化程度和政策含金量的高低决定着制度安排质量水平的高低。

四是生态文明领域治理现代化亟待各种力量机制协同化。生态文明制度建设，是一个关乎经济、社会、文化、政治的宏大系统工程。生态文明领域治理现代化应与经济高质量发展实现最大程度的协同一致，政府经济发展的计划规划目标、政策设计方向、决策实施力度，亟待与生态文明领域治理现代化相向进行。生态文明领域治理现代化需要整合社会各种动能，融通社会组织各种智慧，借鉴国际上各种先进技术和方案，集政府、社会、民间组织、公众之智，将实现生态领域治理现代化视为社会综合进步工程、民族复兴工程，融入经济治理、社会治理、文化治理、政治治理现代化的全领域和全过程。

二　生态文明制度体系的构建路径

生态文明领域治理现代化水平在很大程度上取决于生态文明制度体系的建构质量和建构水平。认真探究生态文明内在机制及发展规律，从我国生态领域治理的实际出发，基于生态治理和法治建设的双重安排，建构人与自然、人与社会和谐发展现代化建设新格局，是新时代生态文明建设和绿色发展的基础与前提，是美丽中国目标实现的制度保障。

实现国家生态治理体系和治理能力现代化，既要坚持节约优先、保护优先、自然恢复为主的方针，又要走制度化和法治化之路。

（一）生态文明制度的价值基础

1. 从生态文明系统价值的要求出发，统筹考虑生态环境领域和其他领域的综合立法。不同时代之法律制度设计都是不同时代核心价值观的反映，不同文明时代，有不同的核心价值和核心价值观，也有不同法律制度的顶层设计和具体的实施路径。

工业文明时代的制度创设和法律制定，是以工具理性为基础建构的法律价值观为引领，其对物质财富的过度追求及其建构的个人绝对所有权、契约自由、自己责任原则，是造成生态恶化、资源消耗和环境破坏的主要原因。生态文明时代的法律制度是对工业文明时代法律制度的超越，它是优先克服工业文明法律制度的弊端，吸收人类法治文明优秀成果，形成的崭新高级文明形式的制度安排。简言之，生态文明法律制度以生态整体价值观为其价值论基础。

一是生态整体价值观将生态环境视为一个复杂多样的生态价值系统，在整个生态系统中每一个小系统和系统中的每个部分与环节都是相互联系、相互制约、不可分割的。生态系统的任何环节和部分的损害和破坏都会对整个生态系统造成影响，不当的自然环境开发利用不仅会影响到同时代其他人的利益，而且会影响到后代人生存延续的诉求。因此，基于生态文明这种整体价值观的要求，要统筹考虑生态环境领域和其他领域的综合立法。生态文明法律制度设计和制定既要彰显整体公平诉求、整体正义渴望，又要超越狭隘个体利益诉求、局部利益拘囿，将人类眼前利益与长远利益、局部利益与整体利益、当代利益与后代利益相结合。

二是生态环境具有整体性的特征，保护生态环境的法律制度建设应从生态系统的整体性出发，将法律制度制订和设计有机统一起来，防止相互割裂、相互冲突、各成体系。由于立法条件和能力的限制，当下我国初步形成的生态环境有关法律体系，很多具有部门立法主导和部门利益保护色彩。不同部门主导的立法形成的法律条文，从监管体制到监管职责，从立法精神到立法对象、立法界限以及立法衔接等方面，都有相互冲突和覆盖遗漏的问题。部门立法有方便直接的优势，也有行业部门利益保护的弊端，甚至有独成体系的不足，完善健全生态文明法律制度建设，必须将生态整体价值观融入制度当中。

三是不仅要按生态整体价值观建立健全生态文明法律制度，而且要将生态整体价值观融入我国整个法律制度体系建设中，实现法律制度的绿化目的。

四是要注重生态法律制度体系设计和制定的整体性和系统性，统筹分散的生态环境管理部门，要形成统一合力，改变生态治理力量分散、各自为政的局面。在生态环境的立法上，基于生态文明整体价值观的要求，统筹考虑生态环境领域和相关其他领域的综合立法。

2. 生态文明法律制度要融人、社会、自然共生共荣、和谐发展的核心理念，实现政策设计和制度安排的生态化。在传统的工业文明时代，从自然中获取更多的能源资源，获得极大的物质满足，创造更多的物质财富，是人类实践活动的基本价值追求。人与自然的共生共荣、有效反哺自然、自觉补偿环境，尚未真正顾及，生态恶化、环境破坏、资源枯竭的问题比比皆是，人与自然以及人与人、人与社会关系的紧张和冲突层出不穷。在传统的工业文明社会，法律法规及其制度主要以人与人、人与社会的关系为主要调整对象和内容，人与自然关系的规制调整没有形成真正的制度安排。生态环境问题的日益严峻，对人类的实践活动提出了新的要求，人类既要在自然中获取资源，创造物质财富，满足物质需求，还要自觉回报自然，有效补偿自然，实现人与自然关系的和谐相融。

根据生态文明建设要求，生态文明法律制度构建必须将实现人与自然、社会的和谐发展、可持续发展和永续发展的理念纳入生态文明制度的构建中，实现由重视调整人与人关系的法律制度到调整人与自然、人与人关系法律制度的转变。要进一步构建和完善调整人与自然关系的生态环境专门法律制度，并对传统法律制度进行生态化改造。

3. 将“尊重自然、保护自然”的基本理念融入生态文明法律制度建设中。传统的工业文明以无限度地征服自然、改造自然，甚至掠夺自然为基本目的，无限度地攫取自然的经济价值，必然导致对自然资源和各种能源的掠夺性开发，这种无底线掠夺自然资源、攫取社会财富、满足物质欲望的行为，必然导致人与自然关系的紧张和冲突，消解自然的生态价值和经济价值统一性、人的生存发展与自然生存发展一致性。对人类而言，自然兼有经济价值和生态价值，忽视自然的生态价值，片面追求自然的经济价值，必然导致无限度地掠夺自然，最终影响人类自身的价值实现。“尊重自然、保护自然”是生态文明时代的价值理念。这一理念要求我们，既要重视自然的经济价值，更要重视自然的生态价值，自然的生态价值在当下具有优先意义。生态文明建设要求人类既要尊重自然规律，顺应自然的变化，对自然资源的开发利用不能超过自然生态的承载力，又要回馈自然，使人与自然形成和谐关系。

总之，在生态文明制度和生态法律制度的设计和制订中，要充分反映市场供求和资源稀缺程度、体现生态价值和代际补偿的资源有偿使用制度、生态补偿制度、责任追究制度、环境损害赔偿制度等，确保整个社会都能自觉地遵守生态环境保护的各种制度，对违背生态文明理念和生态法律制度的行为给予法律制裁。

（二）建立完善生态文明制度体系

生态文明制度不是指某一项制度，而是由若干具体制度构成的制度体系。要加快生态文明制度建设，“用制度保护生态环境”。[①] 明确构建生态文明制度的主要内容和任务，加快生态文明体制改革，实行“最严格的生态环境保护制度”[②]，是党领导生态文明建设的任务之一。

1. 构建生态环境保护的法律法规体系。我国生态文明建设的法律制度，是对环境资源法律基本制度的继承与发展。“我国现行比较成熟的环境资源法律制度主要有环境资源规划制度、环境资源标准制度、环境资源监测制度、环境影响评价制度、建设项目‘三同时’制度、排污收费制度、清洁生产制度、综合利用制度等。”[③] 根据全面推进依法治国的要求，加快推进生态环境保护和生态治理方面法律法规的立改废释工作，结合《环境保护法》和设区的市地方立法的推进，对生态、环境、能源、水资源、海洋等方面的立法要优先考虑。基于加快推进生态文明建设的要求，要修改和废弃以往单项过期的环境、资源、能源方面的法律法规，对有些法律法规加大释法的力度，加强生态环境保护法律法规之间的衔接和互动，加快构建节能评估审查、节水、生态补偿、湿地保护、生物多样性保护、应对气候变化、土壤环境保护等方面的法律体系和法律制度，修订土地管理法、大气污染防治、水污染防治、节约能源、循环经济促进、矿产资源、森林、草原、野生动物保护等方面的法律法规，建构生态保护的法律法规体系，形成生态保护方面的刚性制度。生态文明法律制度更加彰显了“先进的生态文明精神、思想和理念，更加集中地反映了具有中国特

---

① 《中共中央关于全面深化改革若干重大问题的决定》，人民出版社 2013 年版，第 52 页。

② 习近平：《决胜全面建成小康社会　夺取新时代中国特色社会主义伟大胜利》，人民出版社 2017 年版，第 23—24 页。

③ 蔡守秋：《生态文明建设的法律和制度》，中国法制出版社 2017 年版，第 95 页。

色的生态文明法律原则和生态文明法治建设的实践经验”。[1]

2. 健全完善自然资源资产产权制度。建构归属清晰、权责明确、监管有效的自然资产产权制度，是构建生态文明制度的基础，也是社会主义市场经济的基本要求。建立自然资源资产产权制度，主要是解决自然资源所有者不到位、所有权边界模糊、权责不清等问题，重点是制订一套以自然资源产权登记、行使、流转、监督和管理以及产权主体、客体、内容为基本内容的法律规范。

随着社会主义市场经济体制的建立和完善，我国自然资源资产的产权制度改革取得重大进展，但仍存在许多不尽如人意的地方，其中法律制度不健全是严重阻碍我国生态文明建设进程的重要原因。有效解决这些问题和不足，需要优先做好以下几个层面的制度建构：

一是要加快建立健全自然资源资产产权制度，明确自然资源资产所有权归属，落实全面自然资源资产所有权制度，建立统一行使全民所有自然资源资产所有权人职责的体制，明晰自然资源资产的占有权、使用权、收益权、处置权以及数量、范围、用途等，形成归属清晰、权责明确、监管有效的自然资源资产产权制度，是当务之急。

二是要健全自然资源产权制度的原则和理念，坚持自然资源“共有性”“共享性”原则和“物权法定”原则，依法确立各种自然资源资产产权，依法监管各种所有制经济形式依法平等地使用自然资源资产，公平公开公正参与市场竞争，保证自然资源资产产权不受侵犯。

三是要制定权责明确的自然资源资产产权体系，正确处理所有权和使用权的关系，实现自然资源资产实现形式创新，同时完善自然资源监管体制，统一行使所有国土空间用途管理职责。

3. 建立空间开发法律制度。国土空间开发保护制度“包括国土空间开发保护主体、客体、内容，以及国土空间开发保护的原则、措施（手段）、责任、管理和监督等法律规范”。[2] 要建立国土空间保护制度，划定生态保护红线，其任务之一就是制订涉及国土空间开发的法律制度。

一是要迅速解决我国没有系统保护自然生态即国土空间开发保护方面

---

① 蔡守秋：《生态文明建设的法律和制度》，中国法制出版社 2017 年版，第 95 页。

② 同上书，第 104 页。

的法律的问题，消除现有相关法律法规立法精神不一致和系统性、整体性、协调性差的弊端，要按照自然规律，调整空间结构。

二是按照主体功能区的定位要求，对生态脆弱的生态功能区要禁止开发，重要的生态功能区要严格限制开发，加强各类开发建设有效管控，构建严格的耕地用途制度和生态空间用途管制制度。

三是建立自然保护区的国家制度、世界文化和自然遗产保护制度、森林公园保护制度、风景名胜区保护制度、地质公园保护制度，以此建立保护生态环境为核心的国家公园体制机制、政策法规，依法保护国家公园，严格禁止各类开发，以原真性和完整性为目标，依法保护自然生态和文化自然遗产。

四是要构建资源环境承载能力的监测机制、预警机制、反馈机制，依法严格规制水土资源、环境容量和海洋资源超载区域各类建设开发。对限制性开发建设的区域、生态脆弱区域、国家公园等县区，用生态指标的考核代替生产总值考核。

五是要以积极稳妥、大胆创新的思路，依法编制自然资源资产负债表，健全领导干部环境保护责任制度、考评制度、离任审计制度，强化生态环境损害赔偿责任，建立干部终身追究法律制度。

4. 建立完善资源有偿使用制度和生态制度。

一是要通过法律制度确立生态有价原则和生态补偿机制，改革自然资源管理体制和产品价格，制定能够全面反映市场供求关系、资源稀缺程度、生态环境损害成本和修复效益的制度，制定使用资源付费和谁污染环境谁付费、谁破坏生态谁付费的制度。

二是要制定生态补偿法，对生态补偿的基本原则、对象范围、类型种类以及补偿方式、资金来源、补偿标准进行规范量化，并针对不同生态类型制定具有可操作性的相关法规和制度。

三是要建立健全重点生态功能区的生态补偿机制，建立地区间横向生态补偿制度，以法律制度保证生态产品收益地区对生态产品生产区的补偿，形成生态纵向补偿和横向补偿相结合的法律制度。

四是综合运用碳金融、排污权和水权交易制度和市场化手段，完善生态文明建设的市场调节机制。

4. 改革生态环境保护管理机制。一是加大对地方政府绿色 GDP 政绩考核制度建设的力度，明确政府的生态责任，建构终身生态责任追究制度。习近平总书记指出，“最重要的是要完善经济社会发展考核评价体系，把资源消耗、环境损害、生态效益等体现生态文明建设状况的指标纳入经济社会发展评价体系，建立体现生态文明要求的目标体系、考核办法、奖惩机制，使之成为推进生态文明建设的重要导向和约束。我看，我们一定要彻底转变观念，就是再也不能以国内生产总值增长率来论英雄了，一定要把生态环境放在经济社会发展评价体系的突出位置。如果生态环境指标很差，一个地方一个部门的表面成绩再好看也不行，不说一票否决，但这一票一定要占很大的权重”。①

二是要建立完善所有污染物排放监管制度，制定环境保护管理制度，严格推行污染物排放许可证制度，淘汰严重污染环境的工艺、设备和产品，实行企事业单位污染物排放总量控制制度。适时调整主要污染物指标种类、标准，构建常态性、约束性指标体系。健全完善环境作用、环境各类评估、评价制度，推行清洁生产审核制度，实行环境信息公开等制度，建构生态保护修复和污染防治区域联动机制。

三是健全严格的环境保护管理制度，保障独立监管和行政执法。要创新执法体制，完善执法程序，严格执法责任，推进综合执法，建构权责统一、权威高效的依法行政体制，“加快建设职能科学、权责法定、执法严明、公开公正、廉洁高效、守法诚信的法治政府”。② 要依法全面履行生态文明监管职能，完善生态文明监管行政组织和行政程序法律制度，推进生态文明建设和监管机构、职能、权限、程序、责任法定化，行政机关要坚持法定职责必须为、法无授权不可为，纠正环境行政执法和监管中的不作为、乱作为和懒政、怠政现象，推行环境行政权力清单制度，消除权力设租寻租空间。要健全环境执法通知制度、公开制度、听证制度、审核制度、复议制度、责任制度等，实现环境执法程序化、规范化。要加大行政执法力度，增强行政执法权威，要依法行政，依法办事，纠正有法不依、执法不严、违法不究和权责脱节、多头执法、选择性执法等现象。要加强

---

① 习近平：《在十八届中央政治局第六次集体学习时的讲话》（2013 年 5 月 24 日）。

② 《中共中央关于全面推进依法治国若干重大问题的决定》，人民出版社 2014 年版，第 15 页。

法律监督、行政监察，实行环境违法违规行为的“零容忍”，严厉惩处违法违规行为。加强对浪费能源资源、违法排污、破坏生态环境等行为的执法监察和专项督察。资源环境监管机构要独立开展行政执法，禁止领导干部违法违规插手干预环境执法活动。健全行政执法与刑事司法的衔接机制，完善案件移送标准和程序，实现行政处罚和刑事处罚的无缝衔接。要加强基层执法队伍、环境应急处置救援队伍建设，保证办案经费和办案工具的有效配置。加强对资源开发和交通建设、旅游开发等活动的生态环境监管，建立重大决策终身责任追究制度和责任倒查机制。

四是建立陆海统筹的生态系统保护修复和污染防治区域联动机制和体制，形成陆海统筹的生态管理制度。

五是完善公众参与立法和监督机制，建构多元生态管理的政策制定机制和公众、民间、企业参与生态治理机制，健全生态环境保护管理和监督制度。

（三）构建生态化技术创新机制，实现传统生产方式的绿色化转型

1. 通过生态文明的体制机制建设，将生态文明理念、思想和意识融入生态技术创新的全过程，基于生态技术的创新驱动，摈弃传统生产方式和工具理性，实现生产方式的绿色转型，实现人与自然、人与社会的协调发展和可持续发展的价值追求。

一是进一步深化生态环境的科技体制改革，建立符合生态文明建设的资金支持和管理制度与运行机制。加强对重大生态、环境、能源科学技术问题的持续性研究，将能源节约技术、资源循环利用技术、新能源开发技术、污染治理技术、生态修复技术和工程等作为优先扶持的方向和对象，实现生态环境、循环工程和绿色技术等前沿技术的联合攻关。

二是健全生态环境、循环经济、洁净生产技术创新体系和创新制度，提高生态环境保护和绿色循环技术的综合集成创新能力，加强洁净技术和工艺创新，并从制度安排、人才引进、资金投入、科研成果转化等方面支持生态文明领域工程技术类研究中心、实验室和实验基地建设。

三是加大对生态保护创新成果转化政策、资金、制度的支持力度，打造一批生态保护、绿色技术成果转化平台、金融扶持机构、推广机构，积极推进成熟适用技术在新型城镇化过程中的示范和推广，形成绿色技术、

生态技术、循环技术、洁净技术的城乡推广应用有效机制。

2. 加大对低碳循环技术的推广力度，建立清洁低碳、安全高效的现代能源技术和现代能源体系，打造实施零碳排放区示范工程。按照循环经济和生态经济的要求，通过立法明确政府、企业、民间组织的责任义务，通过源头控制和末端治理同步进行，大力发展以洁净生产为代表的循环技术和循环工程技术，建立制度支持和激励机制，优先鼓励发展太阳能、风能、水能、生物能、地热能、海洋能等可再生能源新技术与工程，以技术创新引领生态保护、资源再生和能源节约，推进生态保护技术的推广和应用。

3. 加大绿色高新技术的创新力度，调整优化产业布局，加大生态领域的供给侧制度改革，实现产业结构的绿色化，让绿色智能技术引领产业结构升级，让绿色智能生产方式引领生产方式的变革，让绿色高新技术引领技术革命，加大绿色技术、生态环保技术的财税支持力度，扶持环保节能技术和清洁生产技术。根据生态经济规律和生态原理要求，加大绿色技术的创新和应用，节约资源、能源，避免对生态环境的破坏和污染，研发和推广污染控制和预防技术、循环再生技术、源头削减技术、废物最少化技术、生态工艺、绿色产品、净化技术等，实现绿色技术创新与生态环境系统技术的融合与发展。

4. 将生态科技和绿色技术融入设计、生产、消费的全过程，改变传统的生活方式和消费方式，尤其是改变出行方式，推动绿色出行，推行新能源技术。加快生态绿色技术的推广和应用，这对破解经济社会发展的资源、能源瓶颈，形成人与自然和谐共生格局，实现经济、社会、环境三者的永续发展和可持续发展，至关重要。

5. 推进制造业的优化和创新，加快利用先进节能低碳环保技术改造提升传统产业的步伐，实现生产方式的转型。加大供给侧制度改革，化解产能过剩问题，科学合理调整能源结构，加快能源的安全绿色开发和清洁低碳利用，在大力发展清洁能源、可再生能源的基础上，不断提高非化石能源在能源消费结构中的比重。

第十二章　生态环境污染防治的法治协调机制

随着传统工业文明的迅速发展和人类庞大物质欲望的急速扩张，世界范围内的生产和生活中排放的污染物越来越多，世界范围内向大气中排入的二氧化碳越来越多，各种吸热性强的温室气体呈逐年增加趋势，大气的温室效应逐年增强，全球气候变暖问题引发众多生态问题，这些已经严重威胁到人类生命的延续和生活质量的提升。就我国而言，大气、水、土壤、江河湖海等多种形式的环境污染，正威胁着公众的生活质量、生命安全、财产安全，并消解了物质文明和经济指标快速增长带来的幸福感和安全感。环境污染问题成为当今中国面临的重大问题之一。环境污染防治和生态环境治理需要群策群力，调动政府、企业、社会组织和公众等多方面力量，建构生态环境污染防治的法治协调机制，是一个重要的路径。

一　建立生态环境污染防治的法治协调机制的必要性

环境污染防治是生态治理的预防性治理和前移性治理策略。基于政策制度层面的思考，这一预防性和迁移性的治理策略，具有长期性和战略性。要实现生态治理效果的持久化，仅仅将治理重点放在环境污染发生之中和之后，而不将重点放在治理之前，是徒劳费力之举。毋庸置疑，生态文明的国家战略地位、社会综合作用、经济社会的多重价值，早为政府、企业、社会组织和公众所熟知。更有意义的是，生态文明建设的思想、理念和战略，从不同的层面、部分以不同的形式逐渐融入经济建设、政治建设、文化建设、社会建设，成为实现国家治理体系和质量能力现代化的重要组成部分。

以全面深化改革为主旨的党的十八届三中全会，对生态文明建设的体制机制改革和制度体系建设进行了全面部署，并提出要建立和完善严格监管所有污染物排放的环境保护管理制度，独立进行环境监管和行政执法；建立陆海统筹的生态系统保护修复和污染防治区域联动机制。党的十八届五中全会将坚持节约资源和保护环境定为基本国策。将经济的可持续发展作为绿色发展重要举措，将生产发展、生活富裕、生态良好作为绿色发展的基本路径，将建设资源节约型、环境友好型社会作为基本目的，将构建人与自然和谐发展现代化新格局作为价值追求，将美丽中国建设、参与全球生态治理、维护地球生态安全作为奋斗目标。就法律层面而言。我国已将“生态文明建设、促进经济社会可持续发展”确定为生态环境立法目的，将环境保护定为基本国策。

2012 年以来，我国基本建成生态文明政策体系和环境法律规范体系，形成法律、法规、规章、规范性文件与政策、规划、方案相配套的制度体系，建立了各级政府的职权责任制度。我国很多省市探索形成的环境污染协调机制，创新形成的资源补充总量的协调控制制度等，基本能满足跨行政区域环境污染防治要求。这些具体制度建构和政策设计，为建立生态环境污染防治的法治协调机制奠定了基础。

分析我国环境污染防治现实状况可以看出，生态环境污染具有跨省市、跨地区、跨区域、跨流域的特点，特别是水污染、大气污染以跨地区、跨区域、跨流域为常态。因之，生态保护和环境治理，已超越单一行政区划的范围，不是某地区、某区域和某流域依靠自身力量所能解决的，不是某几个部门职能权限所能解决的，需要全国树立一盘棋思想，加强协调，统筹谋划，统一行动，需要各级政府及环保部门和分管部门，如公安、交通、城管、发改、国土、住建、卫生等部门交叉合作，以及全社会的广泛参与。因此，实现环境污染防治的目的，既要加强不同行政区划的合作，也要加强不同职能部门的合作，还要加强不同监管主体和利益主体的配合协调，不同管理部门和参与部门配合协调的成效，很大程度上决定着环境污染防治的效果。

为适应环境污染防治的新形势和新特点，国家十分重视推进跨区域与跨部门环境污染防治工作，各省市也形成了一些行之有效的做法，探索出许多有益的合作机制。如，污染防治的联席会议、污染防治的定期会晤、污染防治的政府协议和污染防治的工作合作方案等。

构建一个环境污染防治稳定、常态的协调机制，并通过政策文件与法律文件对其进行引导规制，有重要的现实意义。环境污染防治必须打破行政区划和行政条块管理的壁垒，依法建构环境污染防治各种协调机制，统筹提升地方政府环境污染防治的积极性。环境污染防治的经验和教训告诉我们，一个良好的协调机制，是实现不同行政区划、不同职能部门、不同主体之间密切合作、共同行动的有力支持。特别是建立污染防治法治化的协调机制，既能依法充分调动各方面的积极性和能动性，又能依法规制污染防治的过程和效果。

二　环境污染防治法治协调机制的学理分析

国内外学界对环境污染防治的“协调机制”并没有专门的界定。我们认为所谓协调机制，是不同区域、不同领域、不同主体为实现共同利益和目的，形成的彼此制约、相互协作的管理制度和运行制度，主要包括领导协调机制、组织协调机制、执行协调机制、督察协调机制、考评协调机制、制约协调机制和奖惩协调机制等方面的制度。法治协调机制是要将协调机制纳入制度化或者法治化轨道①，实现不同层面、部分、主体相互配合。目前的环境污染防治协调机制，主要包括政府协调机制、社会协调机制、区域协调机制、部门协调机制、企业协调机制、社会组织协调机制和公众协调机制等。

随着互联网技术的发展和国家间的合作加快，经济、文化、政治、社会发展已经突破了时空的局限，也突破了地理位置的拘囿，不同国家、不同民族、不同地区、不同文化、不同种族的合作成为可能。要实现这种合作，保证合作的通畅，亟待建立一种稳定的协调机制，及时化解不同国家、不同民族、不同地区、不同文化、不同种族，甚至不同部门、不同主体之间的矛盾和冲突，实现谋求和谐共同发展的目的。

近年来，走在全国经济社会发展前列的长三角、珠三角等经济体，不单在经济合作方面，探索形成许多成功合作机制，促使区域经济实现了又

---

① 法治本指法律之治，鉴于我国的特殊国情，我们倾向于从广义上理解法治内涵，即只要形成了长期、规范、有效的制度即视之为“法治”。

快又好发展，而且在环境污染防治方面也形成了许多有效的协调机制。山东省枣庄市根据新旧动能转换要求，加快煤产业向非煤产业的转移，在环境污染防治协调机制的建构方面，走出了一条新路。

建构环境污染防治协调机制，主要是由环境污染特点和环境污染防治的特殊性决定的。

一是水污染、大气污染、流域污染、江河湖海污染不以行政区划为界限，跨行政区划、跨地域、跨流水性是当下环境污染的重要特征和重要发展态势。

二是各级政府是环境污染防治的责任主体，环境保护部门是环境保护的主管部门，工商、住建、卫生、城管、公安、检察、司法、企业、社会组织都有相应职责。

三是我国是政府主导的环境保护体制，但环境污染防治需要企业、社会组织和全社会的广泛参与。环境污染防治打破了地区、部门、行业的界限，跨行政区划的地方政府、政府不同部门以及企业、社会组织、公众的合作协作是常态。

四是建构环境污染协调机制，需要重点加强立法协调、执法协调、司法协调和普法协调。

总之，基于以上学理分析，可以肯定的是，环境污染防治协调机制是否形成、运行成效如何，直接决定着环境污染防治的效果。环境污染防治的长期性、综合性和困难性，没有长期、稳定、管用的协调机制，其防治的结果和成效是很难令人满意的。目前，在环境污染防治的实践中，成功的协调机制有：联席会议、定期会晤、政府协议、地方共同规章等，这些丰富多样的协调机制，在环境污染防治中发挥着重要作用，如京津冀一体化的一个重要内容是污染防治一体化，这是我国区域协同发展、统筹治理大气污染的典型案例。

三　环境污染防治法治协调机制的模式

生态文明建设是一个系统工程，环境污染防治关乎经济社会的高质量发展。实现环境污染防治治理的目的，必须有一个常态化、稳定性、长期性、制度性的法治协调机制，同时需要形成一个不同部门、企业、社会公众的参与协调机制，环境污染防治不仅是环保部门的事情，也是全社会的职责。否则，环境污染防治很难实现有效推进。党的十八大以来，根据生态文明建设的顶层设计要求，我国地方政府和环保部门根据省情、市情，在环保实践中，探索出多种行之有效的协调机制模式，按照其协调范围、协调主体和协调形式，可以将其分为几种协调模式。

（一）环境污染防治区域性政策协调机制

这类协调模式的对象是跨区域环境污染防治，如，不同省市协调机制、省内不同地市协调机制、不同的区域协调机制，其主要内容为：

1. 国家主导的跨省市的政策协调机制。根据国家统一安排，不同省、不同地市，制定环境污染防治规划时，相互磋商，以实现区域整体发展的宏观目标、宏观战略为前提，利用政策的稳定性、引导性、规范性，统筹规划，构建环境污染防治的政策协调机制，以统筹本地区利益和周边地区利益。

2. 地方政府主导跨省市的协调机制。地方政府成立领导小组，统一领导和管理辖区内相关职权部门，协调推进辖区内环境污染防治工作。

3. 地方政府牵头、环境保护部门主导的跨部门的协调机制。实践效果凸显的协调机制是环保部门主导协调机制。这种协调机制因为党委和政府一把手任组长，协调效果明显。

为治理跨界污染，特别是水污染问题，鲁苏两省探索出“共保共赢、属地负责、预防为主、开放创新”新模式，制订的《山东省环境保护厅、江苏省环境保护厅跨界污染纠纷处置工作机制协议》，成为环境污染防治跨省合作的典范，为环境污染防治的协调合作探索出一条新路。

山东省枣庄、临沂、济宁大胆创新，积极探索，建构了一套完整的设区的市环境污染防治协调机制，并建立了相关配套协调机制，如跨界应急联动协调机制、跨界环境污染处置处理协调机制、跨界联合监测协调机制、跨界联合预警协调机制、跨界会商协调机制、处理跨界处置突发协调机制、跨界处理纠纷协调机制。

（二）环境污染防治部门间执法协调机制

这种协调机制是针对某种特定环境污染问题，在一个行政区划范围内，有业务职能交叉的相关执法部门，通过职权协商形成的协调机制。

一是环保部门主导、相关部门参与的联动协调机制。如，环保部门主导的环境污染防治的联动协调领导机制，主要包括环保、公安、检察、法院、发改、国土、卫生等部门。通过环保联动协调机制，按照职责分工，成员单位依法履行职责，既各司其职，又密切配合，形成环境污染防治的强大合力。环保部门在这种协调机制中的作用得以凸显，集履行执法监管职责和发挥综合协调作用于一身。各成员单位既要主动协调沟通，又要独立开展工作，通过有效协调，实现环境污染防治的良性互动。

二是环保、公安、城管、卫生等部门联合执法协调机制。上述部门根据协调机制的安排，可以进行环境污染防治联合执法活动，加强环境污染防治的信息交流、重难问题、对策方案的制订。如，对违反国家环保政策的重点行业要联合排查，对重要污染企业要联合制定应急方案，对重大污染环境违法案件依法联合查办，对重大环境污染案件处置实行专案会商制度，由环保会同公安，邀请检察、法院、司法、安监、城管等部门进行专案会商。

三是有的地方环保部门根据本地实际，主导形成了共同执法协调机制、信息资源共享协调机制、环境污染预警协调机制、污染源及时有效拦截处置协调机制、环境事件协调善后机制、环保纠纷妥善处置协调机制。

四　环境污染防治法治协调机制的思考

在环境污染防治实践中，根据国家生态文明建设顶层设计的要求，基于各省环境污染防治的实际，为了生态文明建设和新旧动能转换的需要，我国已经建立健全了多种法治协调机制，有许多成功的做法和经验。在环境污染防治实践中，构建了重点流域的环境执法协调机制、利益相关方协调机制、政法推进协调机制、刑事司法与行政执法协调机制、政府法治与律师服务协调机制等。

这些协调机制在环境污染防治中发挥了重要作用，是依法有效防治环境污染的成功做法。这些法治协调机制有效整合执法权能，凸显执法合力，提升执法水平，对依法有效应对环境污染问题，实现生态环境治理体系和治理能力现代化，有重要意义。这些成功的经验和做法，值得我们从学理和实践两个向度，对其进行认真研究总结，使之成为法治建设和生态文明建设的重要助力。

基于环境污染防治实践探索形成的各种法治协调机制，是目前开展跨界环境污染防治的有效形式，根据生态文明体制改革的要求和全面依法治国的总体安排，实现这些协调机制的制度化和法治化，是一项十分重要的工作。应该指出的是，我国环境污染防治法协调机制探索，还有很长的路要走。机制的建立和机制的实施，亟待配套的制度跟进。法治协调机制的建立，亟待解决许多问题，目前机制强制性缺失、稳定不够、系统性不足问题非常突出，许多协调机制因主管领导的更替而失去作用。

因之，环境污染协调机制建设，必须走制度化与法治化之路。协调机制的稳定性和效力大小要有制度化规定，不能因人事更替而消失，更不能以领导人的重视程度为标准。否则，就会严重影响协调机制的存续。法治协调机制在环境污染防治中的重要性越来越明显，但学术界和实务界对环境污染防治法治协调机制的研究，才刚刚起步。关于机制的法律属性、效力、形式以及运行规律等的研究十分不够，实务部门如何从具体工作出发，探索协调机制的规范化、法治化进程也严重滞后，相关理论研究和实践探索，亟待同时展开。

五　环境污染防治法治协调机制的案例分析

环境污染防治协调机制的学理解析及其相关模式的实践探索，为我们进一步探索建构相关协调机制奠定了基础。自然环境是一个具有多样性、综合性和互动性的生态系统，与所有其他系统一样，自然环境系统具有综合性、完整性、跨界性、多区域性的特点。在政策法律层面，探究构建跨区域、跨流域、跨部门环境污染防治法治协调机制，从学理和实践向度探索其形成的路径、规律及其发挥作用的方式，有重要的现实价值。山东省枣庄市结合本地实际，根据新旧动能转换和经济高质量发展的要求，积极探索非煤产业培育路径，在环境污染防治法治协调机制的建构中，积累了丰富的经验，亟待对其进行研究、学习和推广。

（一）枣庄市的做法和经验

枣庄市根据国家生态文明体制改革的部署，按照山东环境污染防治要求，积极探索环境污染治理的体制机制，将“突出治气、提升治水、修复生态”作为环境污染治理的重点。该市结合实际，探索形成的环境污染防治法治协调机制，在调动各执法部门联动执法、合作执法、共同执法方面，走出了一条新路。该市已经形成了以非煤产业为主的经济发展模式，经济社会发展和环境污染防治，已形成良性互动，取得了重大突破。

1. 环保部门主导协调模式。环境污染防治关乎全社会，决非是环保部门自己的事情，而是全社会的共同义务和共同责任。环保部门在联防联控联治的机制中处于主导地位，相关执法部门和管理部门依法履行各自职权。

众所周知，环境执法中存在部门行政阻隔、执法形式不一、执法依据各异、执法方式不同等问题，导致执法效果不佳、执法目的难以达成等后果。枣庄市按照环保主导、各司其职，相互配合的要求，将协调机制的构建，作为实现环境保护目的的重要举措。为有效解决环境污染防治协调机制建设中的问题，枣庄市根据相关政策法规要求，建立了环保部门牵头，相关部门参与的协调机制，形成了环保部门负责环境情况通报协调机制、信息共享协调机制、督导监管协调机制、信息反馈协调机制。为彻底治理造成大气污染的各种废气、尾气和运输扬尘等问题，该市出台了《枣庄市扬尘污染防治管理办法》，按照政府主导、部门分管的原则，形成了对症下药、分类施策的工作思路，建构了责任明晰、追责有力的管理制度，形成了以环保局牵头和各部门配合的协调机制和分工机制。为治理建筑施工扬尘，形成了环保与住建部门联合执法的协调机制；为治理道路扬尘，形成了环卫与公安共同执法协调机制；为治理汽车尾气污染，形成了公安和交通联合治理的协调机制。枣庄市积极探索行政、法治、经济、司法等协调机制，运用组合拳进行环境污染防治，形成了环境污染防治协调机制的枣庄模式。

2. 地方政府主导协调模式。大气污染和水污染具有跨界性、跨流域性的特点。枣庄市在水污染治理中，形成了一套科学的协调机制。政府牵头主导，政府行政长官任组长，环保、公安、国土、城管、发改、交通、环卫、国土、煤炭主要负责人为成员，按照职权，各司其职，形成了水污染治理的政府主导的联防联动协调模式，为实行“河长制”奠定了基础。该市是较早实行“河长制”治理模式的地市。该市在水污染的治理中，形成了“一河一长、属地管理、分片包干”的治理模式，为全国“河长制”的推进，起到了示范作用。为更好进行水污染防治，该市制订了约谈问责制度，形成了水污染治理的枣庄模式。

3. 党政主导、全员参与协调机制。枣庄的滕州市创新思路，探索形成了水污染防治的新思路。首先，创新环境污染防治新理念，以新理念引领治理新方式，实现三个方面的重大转变：工作重心向环境质量的转变、治理方式向全面综合预防的转变、治理重点向治理全部污染的转变；其次，建构党政领导、全员参与的污染治理协调机制；为走出环保部门单独执法的窘境，滕州市构建了党政主导的联合推进协调机制，并建立了水污染防治目标考核机制、防治工作督导检查机制、污染防治的责任追究机制，建构了党委领导、政府主导、人大政协监督、部门负责、公众参与水污染防治治理制度体系和协调机制。再次，打造水污染综合施治体制机制，形成点源治理工程、集中处理工程、截蓄导用工程、湿地净化工程等四大工程协同推进的协调机制；最后，构建水污染标本兼治的治理体制和协调机制，依法构建水源地保护协调机制、重金属和危废企业整治协调机制、园区企业整治协调机制。

（二）枣庄法治协调机制的成效分析

近年来，枣庄市环境污染防治成效显著。党的十八大以来，枣庄市为转方式、调结构，重点整治影响经济发展和人民生活质量的突出环境问题，水污染治理、土壤污染治理、大气污染治理初见成效。近几年枣庄的“蓝天白云、繁星闪烁”不断增多，城市生活环境持续改善，乡村人居环境水平不断提升，PM2.5和二氧化氮等颗粒污染物逐年下降。该市探索创制的环境污染防治协调机制，功不可没。

1. 执法部门联动协调机制更加完善，饮用水质量、空气质量持续改善、环境治理成效显著。

一是建立了环保监察协调机制，通过联合执法对6家焦化企业、18

家燃煤电厂和12家水泥企业，提出完成治理任务的期限，建立限期治理项目的督导检查制度；二是健全了机动车环保检验体制机制。该市建立了环保、公安部门联动协调机制，如，划定禁行区域、治理“黄标车”；三是建立了以堵促疏、疏堵结合、突出技防的治理模式。将秸秆禁烧、燃煤锅炉淘汰改造作为重点工作推进。实行卫星通报火点，迅疾掌握舆情。推进燃煤锅炉拆、并、改，大气质量得到了极大改善；四是建立了生态补偿制度。

在《山东省2013—2020年大气污染防治规划一期（2013—2015）行动计划》基础上，增加56个大气污染治理项目。2015年枣庄市“蓝天白云”天数172天，占全年总天数的47.1%，但由于煤炭作为主要能源、机动车增加和城市建设道路扩建，加上雨雪越来越稀少、空气干燥，容易引起扬尘，导致该市部分区（市）二氧化硫和可吸入颗粒物日均值、年均值超标。2015年，枣庄市开展大气污染治理专项工程，对建成区燃煤锅炉实施“煤改气”工作和全市砖瓦窑企业脱硫设施改造升级，并延续2014年主要废气污染源实施烟气脱硝治理工程。从监测结果可以看出，二氧化硫全年达标率为98.7%，氮氧化物达标率为96.0%，颗粒物（烟尘）达标率为96.0%。2015年，该市废气中首要污染物为烟尘（颗粒物），超过氮氧化物（往年首要污染物）0.4个百分点，其等标污染负荷比为38.1%。2016年枣庄市良好天数169天，改善比较明显（较2015年的125天，增加44天）。

枣庄市通过开展“燃煤锅炉综合整治”、“大气污染治理百日攻坚行动”、积极推进“十小”企业关停取缔工作等，全年环境空气各监测指标改善较为明显，其中二氧化氮和二氧化硫年均值转为达标，但由于煤炭仍是主要能源、机动车增加和城市建设道路扩建，加上雨雪越来越稀少、空气干燥，容易引起扬尘，导致该市部分区（市）可吸入颗粒物和细颗粒物日均值、年均值超标。全市开展大气污染治理专项工程，并逐步实施“超低排放”升级改造工程。从监测结果可以看出全年重点企业各项指标（二氧化硫、氮氧化物和颗粒物）达标率为100%。2016年该市废气中首要污染物为氮氧化物，其等标污染负荷比为40.3%。

2. 形成水污染防治工作长效机制，水环境质量得到明显改善。水污染防治工作已初步形成综合整治和环境监管的合力，形成了水环境保护的长效机制。2015年该市地表水监测结果表明，在全市加大力度整治淮河流域污染的大环境下，全市环保系统齐心协力，齐抓共管，发展流域湿地走廊，通过在线监控、明察暗访等手段加大污染源监控，取得了阶段性进展，全市地表水质量稳步提升。

3. 节能减排已见成效，全市地表水质量进一步得到改善，各条河流COD、氨氮浓度得到控制，为南水北调东线工程打下良好基础。通过对废水污染源的监督性监测，该市废水中排放总量中的首要污染物依然是COD，该市排放废水的主要工业污染源——造纸、化工等企业仍是该市废水监督管理的主要行业。生活饮用水水源水质良好，除丁庄水源、十里泉水源和峄城水源的总硬度、硫酸盐（总硬度和硫酸盐是由地质构造所造成）时有超标外，其余水源均能达标。2016年该市废气中首要污染物为氮氧化物，其等标污染负荷比为40.3%。生活饮用水水源水质良好，在饮用水源中增加周村水库（地表水饮用水源）。地下水饮用水源除总硬度、硫酸盐和溶解性总固体（由地质构造所造成）时有超标，地表水饮用水源除总氮时有超标外，其余监测指标均能达标。

4. 市驻地区域环境噪声和道路交通噪声污染基本得到控制。2016年，枣庄开展大气污染治理专项工程，并逐步实施“超低排放”升级改造工程。从监测结果可以看出全年重点企业各项指标（二氧化硫、氮氧化物和颗粒物）达标率为100%，功能区噪声监测结果表明，枣庄市绝大部分市民能够拥有安静的工作、学习和生活环境。

5. 采取综合措施强化源头治理，土壤污染防治工作取得一定成效。2015年，该市采用单因子评价法对15个土壤环境监测点位进行评价。各监测指标均符合《土壤环境质量标准》（GB15618—1995）二级标准。2016年，该市进行了土壤国控点位的核查，并开展全市场地周边土壤污染状况调查与评价工作。此次场地周边土壤污染状况调查与评价工作共涉及枣庄市17个场地，232个土壤点位。枣庄市场地周边土壤污染状况调查与评价工作数据产出6960个。其中无机污染物分析完成数据1392个，有机污染物分析完成数据产出5568个。

四　环境污染防治法治协调机制理论与实践中存在的问题

环境污染防治法治协调机制，对统筹污染治理，有效协调各方，实现环境治理法治化和制度化，有重要作用。但是，不可否认，由于我国环境污染防治的政策和法规尚不完善，协调机制的建立以及运行中存在许多问题，特别政策层面设计与法律层面规定还存在先天不足缺陷，以至于环境污染防治法治协调机制还存在作用发挥不佳、协调效果不好和稳定性、长期性不足的问题。没有政策支持和法律规定，行政部门仅仅依靠行政权力进行协调，很难充分发挥协调的真正作用，也会导致协调功能的部分失调。因之，有必要对协调机制存在的问题进行分析梳理，以期找到解决问题的对策。

（一）政策或法律规定过于原则笼统

我国已经形成完善的部门协调机制与社会协调机制，但环境污染防治的政策与法律协调机制规定过于原则笼统。《水污染防治法》规定："跨行政区域的水污染纠纷，由有关地方人民政府协商解决，或者由其共同的上级人民政府协调解决。"党的十八届三中全会基于全面深化改革思路，提出要建立污染防治区域联动机制。2014 年的如《环境保护法》规定，"跨行政区域的重点区域、流域环境污染和生态破坏联合防治协调机制，实行统一规划、统一标准、统一检测、统一的防治措施；前款规定以外的跨行政区域的环境污染和生态破坏的防治，由上级人民政府协调解决，或者由有关地方人民政府协商解决"。由此可见，我国政策与法律对环境污防治的协调机制已有顶层设计，但有关协调机制建立的主体、客体、形式、效力、运行机制、保障机制、领导机制、监管机制等问题，尚未提上议程和有效解决。

（二）政策与法律规定脱节

我国《地方各级人民代表大会和地方各级人民政府组织法》第 59 条对地方政府的各项职权有明确规定，但政府直属部门，如环保、教育、卫生、财政、公安、司法等职权并未对此有明确规定。而这些职能部门的职权在相关专门法律中有明确的规定，如《环境保护法》规定了环保部门的职权范围。不同法律规定不同部门的职权，存在较多问题：职权交叉重叠或职权空白、部门中心主义、难以形成行政合力、加大问题协调难度等。这是导致行政效率低下、服务意识不强的重要原因。因此，有效协调职能部门职权，是提高行政效率、保证政府职能有效实施的重要举措。

必须指出的是，我国法律关于政府职能部门的相互协调配合仅仅是原则笼统的规定，政府职能部门协调配合的方式、方法、制度、机制以及不能实现或拒绝配合的法律后果、行政责任等没有具体规定，互相协调配合往往成为互相搪塞和应付，原则性的规定成了一纸空文。这种问题在环境污染防治领域尤为突出。目前，我国的环境污染治理分属环保、公安、城建、城管、交通、卫生等不同部门，譬如，大气污染和水污染治理等属于环保部门的职权，建筑扬尘治理属于城建部门管理范围，黄标车查处则属于公安部门的职权范围。但实践证明，环境污染治理仅靠一个或几个职权平行的职能部门负责监管，往往事倍功半。在环境污染的具体治理和监管中，有的职权部门执法权职权有限，对环境污染案件的执法力度和处罚力度难以起到震慑规制作用，如环保部门只有借助公、检、法、司的力量，才能有效履行职权。近几年来，环保督查检查风暴作用凸显，但环保部门要真正成为环境保护的卫士，必须建立健全法治协调机制，用职权合力，实现环境污染的有效治理。

不可否认的是，当下我国法律法规对不同职权部门的联动执法基本上规定十分笼统，甚至未做规定，联动执法没有法理支持，法律依据尤为不足。目前，关于环境污染防治协调机制，诉诸的协调方式基本都是“事后协商方式”，这是问题出现的事后协商，抑或临时协商。这种问题出现后的临时协商机制有临时抱佛脚之嫌。因为没有长期的政策和稳定的制度支持，这种临时性的协调会出现事完人散的弊端，环境污染防治会失去稳定性和长期性的协调机制维系，将过度提高行政成本、降低行政效率、浪费行政资源。

近年来，在各地大气污染治理、水污染治理中，各种协调机制发挥了重要作用，收到了不错的效果。例如，层层分解环保责任做法，具有创新独到之处，公安、城管、发改、工商、住建、卫生等政府部门，必须按职责权限与政府签订环保承诺书。但在环境污染防治实践中，环境保护和环境治理的千斤重担仍重重地压在环保部门的身上，如达摩克利斯之剑高悬在环保领导和职工头上。而公安、城管、发改、工商、住建、卫生等部门，如果不能或者未能履行环保职责的行为，环保部门作为主管部门无职权要求它们依法履行环保职责，更无权依法处罚其他同级政府部门。

（三）社会协调机制的政策与法律规定缺失

环境污染防治中，法律凸显政府监管作用，法治协调机制建设只侧重政府部门之间。因此，环境污染防治在一定意义上，没有充分发挥企业、社会组织和公众的作用，政府、企业、社会组织、公众尚未建立完全畅通交流的协调机制。长期以来，我国环境污染防治主要是政府主导，相关政府部门主要用行政手段推进。企业、公众和社会组织是政府监督管理的客体，社会组织和公众很多时候仅仅是环境污染防治和生态治理的旁观者、被动参与者，而非环境治理的主力军和主动参与者。实践证明，环境污染防治要取得成效，必须实现全社会成员的主动共同参与。

在环境污染防治中企业是主力军，只有相关企业的管理者、生产者和领导者充分认识到生态环境保护的重要性，才能以生态环保方式从事生产活动，才能开发和引进生态环保技术，将有限的资金投入生态设备引进上。当企业获得环保带来的巨大实际经济效益和获得激励奖励时，才能由环境污染防治的被动参与者转变为环境保护的真正支持者与实践者。

众所周知，环境污染防治是一项高投入、高技术的产业。受制于政府资金有限投入限制，受制于引进环保高新技术和设备需要大量资金的限制，很多时候政府的财政投入往往有撒芝麻盐之嫌，不能充分发挥资金投入引导作用。因之，为了实现环境治理领域治理体系和治理能力现代化，必须大力吸收社会资本、企业资本投入环保技术和环保设备。党的十八大以来，我国提出要大力发展环保市场，建立节能制度、碳排放权制度、排污权制度、水权交易制度，逐渐形成了吸引社会资本的环境污染防治的市场化机制，建立健全了环境污染第三方治理制度。这是吸引企业资本与社会资本投入环保产业，共同参与环境污染防治的有益尝试。只要企业资本、社会资本投入环保产业的具体制度安排，适应我国生态文明体制改革要求，就能有效化解环境污染防护资金严重不足的问题。

新环保法之环境公益诉讼的制度具有创新性。环境公益诉讼制度明确了提起环境公益诉讼的主体、条件，这是环境立法的巨大进步。但遗憾的是，环境公益诉讼的主体范围十分有限，公益诉讼的条件界定较为苛刻，就长远发展而言，可以说并不利于环境污染防治及生态治理事业。因此，创新法治协调机制，调动政府、企业与社会等多方主体参与环境治理的主动性、积极性和创新性，是我们亟待认真研究和破解的重要难题。

五 健全环境污染防治法治协调机制的对策

近10年来，我国环境保护方面的立法成就突出，在部门立法中数量最多，立法活动最为活跃。随着经济社会快速发展，我国环境问题愈加凸显，因立法时间不同、立法精神不同、立法对象不同，以致环境法律法规体系性不强、协调性不足。同时，执法部门权力交叠、执法监管缺位，导致环境保护体制机制协调性不强。

一是我国各地环境污染防治的实践中，探索建立的多种形式的环境污染防治协调机制，普遍存在制度化和法治化缺失等问题，这是导致我国环境治理协调机制缺乏长期性、稳定性与连续性的重要原因。

二是跨省协调、跨区协调、区域协调、部门协调、经济发展与环境保护协调发展等方面的体制机制尚未真正建立起来，还有很多亟待解决的政策问题和法律问题。

三是在环境污染防治实践中，我国各地政府部门及环保部门牵头建立的协调机制，亟待根据新的环境治理形势进行创新发展。应该指出的是，各种形式的协调机制的建立完善及运行质量，与当地政府或相关部门领导人的重视程度有重要关系。

总之，要真正形成制度化、法治化的污染防治协调机制，必须加快推进环境立法步伐。根据生态文明体制改革的要求，建立健全生态文明制度体系，改革生态文明建设的体制机制，建构以政策引导和法律规制的环境污染防治协调机制，形成环境污染防治的治理体系，实现治理体系及其机制的法治化和制度化，消解环境污染防治中有机制无运行、有制度不落实以及体制僵化、权力本位、各自为政、难成合力等弊端。

（一）创新跨界理念，建构经济社会发展与环境污染防治的协调发展机制

1. 强化跨界理念，构建协调机制。首先，多年来，我国多数环保立法都是基于环境因素分类，将环境拆分为不同治理客体。而执法和司法体系则是根据行政区域划分。从根源上，立法与执法、司法很难形成有机性衔接；其次，更为错误的是，生态环境系统本是一个统一的有机系统，但现行环境立法却将整个有机整体系统进行机械分割，实行挑选性立法，这实际上违背了生态环境系统具有统一性的自然规律；再次，目前，我国涉及跨界、跨区域、跨部门的环保法律法规较少，一些相关法律规范和条款零散分布在不同的环保法律之中，很多相关条款仅仅是笼统性、宏观性、原则性的规定，既没有相关法律程序的有效保障，也没有相关法治协调机制有效维系，环境法律法规难以协同发挥作用。解决这些问题的路径和对策，应注意以下几点；

一是在今后的环境立法中，要率先健全环保立法体系、环保执法体系和环保司法体系，将三者调整至统一视域之中，避免立法对象和执法对象之间的严重脱节。

二是要构建经济社会发展与环境保护的利益协调机制，统筹经济发展规划与环境保护规划。

三是构建大环保格局的协调机制，环境立法理念要实现由分类监管、点源监管向综合监管、跨流域监管、跨区域监管的转变。

四是事关跨领域、跨区域的水污染和大气污染治理，必须树立跨区域治理的理念，构建利益协调机制和运行机制，强化法律程序公平，加强环境法律法规的实施。

2. 强化市场化理念，构建协调机制。首先，我国的环保立法偏重于污染防治，偏重建立环境污染管制制度，特别注重管制行政手段的作用，忽视了市场机制作用和资本的作用，没有给予环境政策与经济政策的互动关系足够的重视。其次，大环保的理念亟待形成。要通过立法和执法及其协调机制建设，建构政府监管与市场调节之间的良性协调机制，发挥政府和市场两个作用。在环境污染防治中政府应该逐步从以直接控制为主，转向间接管理为主，实现政府与市场调节有效相结合、监管与激励并重。再

次，实现注重环境污染管制向强化源头治理的转变，实现政府监管为主向政府管理与市场手段兼用转变，以此为基础，构建环境保护与经济发展、生态价值与经济价值的法治协调机制，实现环境治理的制度化和法治化。

（二）健全地方立法，规范环境污染防治的协调机制

目前，我国环境污染防治已经形成多种形式、多种类型的协调机制。在环境污染防治的创新实践中，我国地方各政府部门之间、各环保部门之间、不同地域和不同区域之间，根据生态治理的跨界性特点，不断探索更适合环境污染防治的协调方式和协调机制，已经形成了环境污染防治的部门执法联动协调机制、区域执法联动协调机制、执法与司法联动协调机制、考核及责任追究协调机制，许多省市在环境污染防治协调机制建设方面积累了许多经验和做法。对这些经验和做法，应该进行认真研究和全面总结，将各地环境污染防治实践中形成的行之有效的协调机制，依法保护和规范，以形成具有稳定性、长期性和连续性的环境污染法治协调机制。只有如此，环境污染防治中形成的这些法治协调机制，才能真正促进经济发展与环保发展，才能真正化解这些协调机制运行不畅、利益相关方干预和各种机制配套不足的问题。

1. 明确协调机制的法律地位。我国各地在实践中探索形成的这种环境污染防治协调机制，基本符合现阶段我国生态治理特点和要求。这些协调机制，对遏制生态持续恶化，缓解生态文明体制改革阻力，有效形成环境污染防治的合力，有十分重要的作用。在国家未有基本法层面明确规定的特殊情况下，为确保辖区内环境污染防治协调机制作用的充分发挥和有效运行，我国很多地方以党委、政府的红头文件形式，或者以政府合作协议的形式来实施。我们必须充分认识到，没有法律层面明确依据的协调机制，仅仅是政策层面的红头文件、合作协议，具有执行性差、权威性不强的问题。

2. 加强地方立法，依法保障协调机制的运行。我国各地在实践中已有许多成功的案例，通过立法，明确环保部门和其他相关各职能部门权力和责任，将贯彻协调机制确定为法定义务，在推进生态文明体制改革中，建立科学、高效、公正、合理的环境保护执法体制。

3. 明确协调机制的法理属性。环境污染防治协调机制是在现阶段行

政管理体制不变的前提下，各地为解决环境问题而探索形成的。这类协调机制是否有法律上的授权，能否提供合理性与正当性法律支撑，如何界定协调机制的主体、客体的属性，协调机制的性质，协调机制与市场激励机制结合、与公民参与机制结合，配套制度的保障，协调机制如何长久有效运转等问题，亟待我们在法律的不同层面进行探讨。

（三）齐抓共管，探索源头控制环境污染的协调机制

1. 环境治理重在源头治理，通过源头控制环境污染是治理前移。而源头治理必然需要各相关职能部门进行协调合作。目前我国在环境污染防治的实践中，探索出源头控制的多种形式，有效发挥环境污染的协调机制作用，是实现源头治理的重要手段。

2. 在源头上杜绝环境污染的发生，对于行之有效的联动审批制度及其协调机制、年审前置制度和前置审批制度及其协调机制，要在国家层面和地方层面的立法中细化和规范化。

3. 健全考核责任追究制度，依法规范环境污染防治协调机制。环境保护的考核与责任追究机制，是建立健全环境污染防治协调机制的重要保障，要学习借鉴参照各地在环境治理实践中形成的各种举措和体制机制，并以地方立法的形式细化相关环保职能部门的权责关系。要建立健全考核监督制度，解决环境保护法律法规中存在的相关部门职责不清、责任缺失、责任追究不到的问题。

（四）建立政府、市场、社会共同参与的大环保格局

1. 要利用经济政策激励作用，建立调动市场主体积极性的体制机制，充分利用绿色财政、绿色金融、绿色信贷、绿色税收（环境税、资源税）等经济手段，激励引导市场主体——企业和企业组织，积极参与环境污染防治，引导社会资本、企业资本、民间资本投向环保产业、生态产业。

2. 要以政策和法律保障社会协调机制，建构环境污染防治多渠道的政府、社会、企业交流协调机制，构建以环境法律为主体、其他政策为辅助、协调机制为润滑剂的政府、市场、社会共同参与的大环保格局。

3. 要发挥公众参与环境污染防治的积极作用，以社会化监督监管弥补市场经济体制和国家行政体制的不足，实现政府环境执法和行政权力行

使的制度化和法治化。增强公民参与环保立法积极性，依法保护公众环境公共事务的知情权、参与权、监督权、表达权、诉讼权等权利，建立政府、市场、社会公众共同参与的大环保制度体系。

综上所述，环境污染防治的立法、执法、监管，要服务于生态文明建设整体要求。环境立法要与经济社会发展相协调，环保部门与相关职能部门要明晰职责、相互配合，政府、社会组织、民间团体和公众要各司其职、积极参与，行政管制、经济激励、法律规制、道德提倡要统筹推进。简言之，建立健全适应我国环境污染防治的各种法治协调机制，有助于实现生态环境领域国家治理体系和治理能力现代化。

第十三章　生态文明与新型城镇化的法治之维

生态文明与新型城镇化建设是我国全面实现现代化两大内涵包容的战略。基于依法治国和以德治国的原则要求，探究生态文明建设与新型城镇化建设内在机制，在德法共治的架构下实现二者的互蕴互荣、良性运作，有重要的现实价值。

一　新型城镇化与生态文明的互动关系

在我国全面实现现代化的坐标中，探究新型城镇化与生态文明的内在关联与相互作用，是实现德法治理的重要前提。

（一）生态文明是新型城镇化的应有之义

1. 新型城镇化的内涵和特征。新型城镇化是中国经济社会发展和现代化建设的必然趋势，是全面建成小康社会的核心战略，是经济结构转型和社会结构转型的强大动力。党的十八大报告和十八届三中全会《中共中央关于全面深化改革若干重大问题的决定》都将新型城镇化置于重要位置，“城乡二元结构是制约城乡发展一体化的主要障碍。必须健全体制机制，形成以工促农、以城带乡、工农互惠、城乡一体的新型工农关系，让广大农民平等参与现代化进程、共同分享现代化成果”。[①] 新型城镇化是全面深化改革的重要战略和重要内容，也是全面深化改革的目标之一。这是基于平等、正义、互惠的价值目标和可持续发展、民生质量的经济指标的综合要求所制订的中国社会全面实现现代化的伟大战略。

---

① 《中共中央关于全面深化改革若干重大问题的决定》，人民出版社 2013 年版，第 22 页。

《国家新型城镇化规划（2014—2020）》指出："紧紧围绕全面提高城镇化质量，加快转变城镇化发展方式，以人的城镇化为核心，有序推进农业转移人口市民化；以城市群为主体形态，推动大中小城市和小城镇协调发展；以综合承载能力为支撑，提升城市可持续发展水平；以体制机制创新为保障，通过改革释放城镇化发展潜力，走以人为本、四化同步、优化布局、生态文明、文化传承的中国特色新型城镇化道路，促进经济转型升级和社会和谐进步，为全面建成小康社会、加快推进社会主义现代化、实现中华民族伟大复兴的中国梦奠定坚实基础。"

一是以人为本、公平共享是新型城镇化的价值取向。首先，要以人的城镇化为核心，合理引导人口流动，有序推进农业转移人口市民化；其次，要以人的发展为目标，主要体现在要稳步推进城镇基本公共服务常住人口全覆盖，不断提高人口素质；再次，要以公平、平等、共享为导向，促进人的全面发展和社会公平正义，使全体公民共享现代化建设成果。总之，要以全面、协调、可持续、和谐、公平、正义、共享和提高人的素质、提升人的生活质量、促进人的全面发展，为新型城镇化的基本价值导向。

二是"四化"同步、城乡统筹是新型城镇化的价值目标。即"推动信息化和工业化深度融合、工业化和城镇化良性互动、城镇化和农业现代化相互协调，促进城镇发展与产业支撑、就业转移和人口集聚相统一，促进城乡要素平等交换和公共资源均衡配置，形成以工促农、以城带乡、工农互惠、城乡一体的新型工农、城乡关系"。[①] 新型城镇化是城—乡两个系统在信息、经济、人口、资源、空间、环境等方面双向融合、互为条件、协调发展、共生共荣、互蕴互长的关系。

三是生态文明、绿色低碳是新型城镇化的价值理念和生活方式。"把生态文明理念全面融入城镇化进程，着力推进绿色发展、循环发展、低碳发展，节约集约利用土地、水、能源等资源，强化环境保护和生态修复，减少对自然的干扰和损害，推动形成绿色低碳的生产生活方式和城市建设运营方向。"[②] 作为迄今为止人类最高级的文明形式，生态文明追求的目

① 《国家新型城镇化规划（2012—2020）》。

② 同上。

标是建立和谐有序的社会，实现人与人、人与社会、人与自然的互蕴共进和协调发展。生态文明的一个重要标志是生态平等，即人类实践本然系统与自然环境本然系统的平等，如代内系统、代际系统、代传系统平等，新型城镇化的城乡一体、互蕴共进、绿色低碳恰恰是生态文明的特有内容和独有追求。

四是文化传承、彰显特色是新型城镇化的发展模式。文化传承是指生态文明内含着生态学、环境学、经济学、人学、社会学等学科的基本原理和科学智慧，也遵循伦理学、宗教学、价值学和法学之规范要求和真、善、美、利之人类求索的方向。新型城镇化的目标设置与生态文明的价值追求契合相通，都是基于平等、道德、互蕴、共生对人类发展、城乡发展、代际发展、代内发展的自觉反思与理性审视，自省、自律、自觉、理性的人类智慧规定着新型城镇化的发展方向。

（二）新型城镇化必须走生态文明之路

新型城镇化的理论基础是可持续发展思想、城乡统筹思想、生态学、经济学和生态文明思想。人与自然和谐为根本，城乡经济、社会、资源、环境、人口协调发展是新型城镇化的追求目标；保护自然环境为基础，资源集约高效利用、开发新型能源，扭转过度消耗自然资源、破坏生态环境为代价的发展方式；实现公平、公正、共享、和谐为目标，生态共生、环境友好、物种多样、资源循环再生是新型城镇化独有的生态内涵。

1. 生态文明是新型城镇化的文明智慧导向和重要内涵。

一是从发展阶段上看，新型城镇化是世界各国迈向现代化和提升现代化水平的阶段性目标，生态文明是人类长期不断追求的目标。新型城镇化之阶段性的目标和生态文明之长期的目标在内涵上有很多的交叉、一致和相通。

二是从哲学内涵而言，新型城镇化和生态文明都是人类对自身发展模式以及如何处理人与外部自然关系的理性反思，都是人类在危机意识、风险意识、未来意识的作用下，对人类发展、城乡发展、人与自然关系之平等、公正、道德、共生的积极审视。

三是从社会内涵而言，新型城镇化和生态文明都是从引导社会转型、和谐发展、可持续发展的要求出发，追求公平、公正、共享、互蕴、共进的价值目标。

四是从生态内涵而言，新型城镇化和生态文明都是从互蕴、共生、友好和尊重多样性、多元性的视角，正确处理人与人、人与社会和人与自然的关系。生态文明的生态内涵更宏观、更全面、更未来，新型城镇化的生态内涵更具体、更针对、更现实。新型城镇化之生态内涵是生态文明之生态内涵阶段性、具体化、现实性的标志。生态文明之生态内涵较新型城镇化之生态内涵更全面、更概括、更宏观。但追求上和导向上，二者的生态内涵更具一致性、相通性。

五是从伦理内涵而言，新型城镇化和生态文明都学习和借鉴古今中外的生态伦理智慧、生态宗教智慧，以及经济学、生态学、社会学中内含的伦理精神和伦理规范，将伦理学的基本原则、规范、体系、追求发展延伸至城镇化和生态文明领域。可以说，新型城镇化和生态文明是伦理学回答当下全球和我国现实问题的具体化战略。

六是从法治内涵而言，新型城镇化和生态文明具有行为的自觉性、自律性，发展的合规律、合目的性和法律、法规的生态性特征。以法治的强制性、引导性、规范性实现制度的包容性、有效性、创新性和可操作性，是二者共同的要求。

2. 生态文明是新型城镇化的价值导向和理念支撑。中共中央、国务院印发的《生态文明体制改革总体方案》指出："坚持节约资源和保护环境基本国策，坚持节约优先、保护优先、自然恢复为主方针，立足我国社会主义初级阶段的基本国情和新的阶段性特征，以建设美丽中国为目标，以正确处理人与自然关系为核心，以解决生态环境领域突出问题为导向，保障国家生态安全，改善环境质量，提高资源利用效率，推动形成人与自然和谐发展的现代化建设新格局。"这既是我国生态文明建设的指导思想，也是当下新型城镇化推进的基本思路和重要原则。

一是新型城镇化和生态文明建设的最终目标设定有耦合相同之处。新型城镇化必须以良好的生态环境为载体，以文明的高级形式——生态文明为目标追求。众所周知，城镇化的推进和扩张，能伤及和影响环境自我修复和生态协调平衡，传统城镇化之历程和教训已是明证。同理，生态环境的改善和提升，亦能令城镇化水平提高和城镇化速度加快，生态文明的提升过程也是人类道德、法治、正义、平等不断完善的过程，更是新型城镇化实现城乡一体、人与自然和谐共生，人口、资源、经济、环境协调发展的一体化过程。敬畏自然、尊重自然、顺应自然，转变生产方式和消费方式，以环保思想、生态理念、物我一体哲学思想，指导新型城镇化的规划和行为，才能避免走传统城镇化破坏环境、牺牲生态、割裂人与自然关系的老路。

二是用生态文明之低碳、生态、可持续理念，统领新型城镇化建设，走资源节约、环境友好的城乡一体发展的绿色之路。低能耗、低污染、低排放、高产出的新型城镇化的路径设计和制度安排，是将生态文明的理念植入新型城镇化发展总体过程，以生态文明思维和生态文明治理方式，指导规范城镇化的城乡布局、产业结构、能源结构、生产方式、消费模式、生活方式，以良好的生态环境支撑和推动新型城镇化发展，实现人自一体、物我一体、物物一体的协调共进、共生共荣。

三是生态文明是新型城镇化的重要考评机制和评价体系。资源消耗、环境损害、生态效益是新型城镇化的重要考核体系。新型城镇化的目标体系、考核标准、奖惩机制、价值导向和目标追求，必须体现生态文明的要求，与生态文明建设的目标契合和一致。新型城镇化的体制机制必须符合发展之绿色、循环、可持续、低碳的要求。新型城镇化的空间格局、产业结构、生产方式、生活方式，要凸显资源节约、环境保护、生态平衡、可持续发展的导向。空间布局的生态化、产业结构的生态化、生产方式的生态化、生活方式的生态化是新型城镇化之生态文明考核评价体系的重要内容。

3. 新型城镇化是生态文明建设的重要载体和助力。

一是新型城镇化是生态文明建设的重要载体。城镇化是现代化和现代文明构建的必由之路。“城镇化与工业化、信息化和农业现代化同步发展，是现代化建设的核心内容，彼此相辅相成。工业化处于主导地位，是发展的动力；农业现代化是重要基础，是发展的根基；信息化具有后发优势，为发展注入新的活力；城镇化是载体和平台，承载工业化和信息化发展空间，带动农业现代化加快发展，发挥着不可替代的融合作用。”① 新型城镇化是工业化、信息化、农业现代化的载体和平台，也是实现物质文

---

① 《国家新型城镇化规划（2014—2020年）》

明、精神文明、政治文明、社会文明、生态文明的重要载体和强大助力。因为城镇化是经济持续健康发展的强大引擎，是加快产业结构转型升级的重要抓手，是解决“三农”问题的重要途径，是推动区域发展的有力支撑，是促进社会全面进步的必然要求。这是因为，“城镇化作为人类文明进步的产物，既能提高生产活动效率，又能富裕农民、造福人民，全面提升生活质量。随着城镇经济的繁荣，城镇功能的完善，公共服务水平和生态环境质量的提升，人们的物质生活会更加殷实充裕，精神生活会更加丰富多彩；随着城乡二元体制逐步破除，城市内部二元结构矛盾逐步化解，全体人民将共享现代文明成果。这既有利于维护社会公平正义、消除社会风险隐患，也有利于促进人的全面发展和社会和谐进步”。①

二是新型城镇化是生态文明建设的重要引擎。投资、消费、出口是拉动我国经济发展的“三驾马车”，内需是我国经济发展的重要动力，未来一个时期扩大内需的最大潜力在于城镇化。投资和消费当然包括生态产品的投资和消费，生态消费是绿化或生态化的消费模式，既能满足物质生产和生态生产发展水平的双重要求，又能满足消费需求和生态保护需求；既能满足人的消费需求，又不对生态环境造成危害。新型城镇化水平不断提高，更多的农民通过转移就业提高收入，通过身份的转变获得更好的优美环境和生态化的产品，将令消费结构实现升级、消费潜力得到释放；城乡基础设施建设的生态化、公共服务设施的生态化、住宅建设的生态化，生态化投资和消费，将为我国经济社会的发展提供强大的动力。

三是新型城镇化是促进生态文明进步的必然要求。城镇化是人类文明进步的产物，我国新型城镇化是城镇化发展的一个崭新阶段。“从生态学角度来看，城镇化过程意味着自然原始生态系统的减少和人工生态系统的扩张。比起农村生态系统，城市是一个典型的人工生态系统，是一个需要人工调控和管理的复杂的自然、经济、社会复合生态系统”。② 新型城镇化是全面建成小康社会和实现现代化的重要举措和中长期战略。敬畏自然、尊重自然规律的城镇化，是实现可持续发展、人与自然和谐的核心理念。新型城镇化既能提高生产效率，提升生活质量，造福城乡居民，又能

① 《国家新型城镇化规划（2014—2020年）》。

② 包双叶：《论新型城镇化与生态文明建设的协同发展》，《求实》2014年第8期。

完善城乡功能，提高公共服务水平和生态质量。新型城镇化将破除城乡二元体制，化解城市内部的二元结构矛盾，城乡居民将共享内含生态文明的现代文明成果，促进人与人、人与社会、人与自然协调共进、全面发展。因之，新型城镇化是生态文明建设的重要空间场所。

二　新型城镇化与生态文明的法治之维

新型城镇化需要各种手段和方式的共同推进，“共治”中的经济手段、行政手段固然重要，但更要适应全面推进依法治国的要求，以法治保障新型城镇化各项目标的实现，以法律法规保障城镇化过程中人民群众的合法权利，实现新型城镇化中的平等、公正，保证城镇化的顺利推进。随着国家治理能力和治理体系现代化水平的提升，新型城镇化必须适应现代治理转型的需要，必须走制度化和法治化之路。在新型城镇化的推进中，确保规划设计、具体实施、效果评价等环节的法治化、科学化和制度化，是最重要的制度安排，新型城镇化之治理法治化水平是国家治理现代化水平的标志。

（一）新型城镇化的法治现状评析

我国新型城镇化建设成效显著，但依旧存在着众多问题和不足，从制度的顶层设计到具体制度的建构，存在着诸多基础性和结构性矛盾和体制性障碍，迫切需要建立健全相关法律法规，引领、保障和服务新型城镇化建设。这就要求以制度化理念审视城镇化，建立完善新型城镇化治理的法律体系，提升新型城镇的依法治理水平和治理能力，形成依法治理和依法经营城镇的新理念，以法治化保障新型城镇化和以新型城镇化推进法律体系创新。

1. 新型城镇化的法治规划缺失。一是规范城乡规划的法律体系亟待完善。新型城镇化的法治化建设是一项复杂的系统工程，稳妥科学地推进新型城镇化必须有制度化和规范化体系作为依托。1989 年颁布的《中华人民共和国城市规划法》是我国城市规划法律制度建设中的一个重要标志，1993 年国务院颁布施行了《村庄和集镇规划建设条例》。“一法一条例”是我国一个时期以来城乡规划制订和管理的基本法律依据。《国家新型城镇化（2014—2020年）》是一个具有政策性法律效力的规范文件。但总体而言，立法状况不能适应我国新型城镇化建设的发展需要。立法缺失导致城镇化规划决策具有很大的随意性，规划不合理、缺乏长期性、土地浪费弊端尽显。

二是城镇法治化治理亟待完善。随着经济社会发展，我国城镇化速度加快，尽管国家和地方政府出台了不少规范城镇建设的法律法规，但因立法对象、立法精神、立法目的不同，部门之间权责不明，执法效率低下，执法主体不明确，导致我国城市管理难以适应现代化城镇的发展要求。我国尚未有一部完整的直接针对城镇治理的法律法规，城市治理的各部门职能责任没有明确的法律界定，缺乏明确的法律边界，导致多头执法、趋利治理乱象时常发生。

2. 新型城镇化的土地制度尚不健全。一是城乡二元化的土地产权制度尚未破除，农村集体土地使用权的法律法规亟待建立健全，实现城乡土地权益平等，为土地流转及土地资源的合理配置提供法律保障亟待加强；二是城乡统一、规范有序的土地产权市场体系亟待完善，确保土地政策与法律的更好衔接，建立城乡统一的土地利用规划、土地利用审批和监管以及地籍管理等制度，严格土地的规划、编制、审批、执行和监管等程序，尚需严格实施；三是要以土地用途管制为核心的城乡统一的土地管理制度，完善土地用途的登记制度，健全农用地转用的审批程序，强化惩罚机制，改变当前土地利用低效混乱的情况，提高土地资源配置效率，以利于更好地保护耕地。

3. 户籍制度及其配套改革亟待加强。一是目前我国户籍制度改革进展顺利，基本适应了新型城镇化发展的要求，但是户籍城乡二元结构虽逐步打破，但附着在户籍背后的教育、医疗、就业、保障等改革并未一同跟进，现行的城市失业、养老、医疗，甚至教育、就业等基本社会保障制度，将农村居民和农民工排斥在外的观念和做法，依旧没有真正得到根除，这在一定程度上阻碍和制约了城乡资源的合理流动，遏制了新型城镇化的进程；二是在新型城镇化法律制度变革和创新中，对原有城镇的弱势群体社会保障的制度建构不足。在新型城镇化的推进中，我们要更多地研究和解决城镇化中农民的问题，而城镇化中弱势群体的法律保障制度也亟待建立完善，城市中的老弱病残等群体和有一定劳动能力、只能挣到最低保障工资的群体及其在城镇化中的困境加剧，更需要相关法律制度的保障。

4. 财税制度亟待推进。全面深化财税体制改革，是解决新型城镇化诸多难题的关键。当前中国经济社会发展诸多难题的破解，几乎都以财税体制改革的全面深化为前提。深化财税体制改革将打破原有的利益格局，改革既需要顶层的制度设计，又需法律法规的有效保障。一是现行财税法律制度静态化的不足，难以解决人口转移和流动带来的问题；二是现行财政体制固有的财力与事权不匹配的矛盾，抑制了地方政府的积极性。新型城镇化带来中央以及省、市、县各级政府原有责任的调整，尤其是城镇建设和人员流动带来政府承担公共服务供给责任的变化，加深了我国财政体制固有的矛盾，如财力与事权不匹配等问题；三是财政预算、财政支出制度缺乏科学性、系统性和规范性。经济增长与公共服务职能之间的关系没有理顺，财政支出重投资、轻服务，对公共产品支出比重偏低。公共投资和其他政府支出项目缺乏有效监管，项目投入、财政支出缺乏追踪和问责机制，难以保证资金按照规定的使用方向合理、规范地运行。没有建立起适应城镇化发展需要的稳定长效的资金投入机制，导致我国城镇化过程中的短期行为特别突出。

（二）生态文明建设的法治之维

党的十八届三中全会通过的《中共中央关于全面深化改革若干重大问题的决定》指出："建设生态文明，必须建立系统完整的生态文明制度体系，实行最严格的源头保护制度、损害赔偿制度、责任追究制度，完善环境治理和生态修复制度，用制度保护生态环境。"[①]《生态文明体制改革总体方案》规定生态文明体制改革的目标是："到2020年，构建起由自然资源资产产权制度、国土空间开发保护制度、空间规划体系、资源总量管理和全面节约制度、资源有偿使用和生态补偿制度、环境治理体系、环境治理和生态保护市场体系、生态文明绩效评价考核和责任追究制度等八项制度构成的产权清晰、多元参与、激励约束并重、系统完整的生态文明制度体系，推进生态文明领域国家治理体系和治理能力现代化，努力走向

① 《中共中央关于全面深化改革若干重大问题的决定》，人民出版社2013年版，第22页。

社会主义生态文明新时代。”[①] 加快生态文明建设，完成生态文明体制改革的目标，生态文明制度体系建设，特别是生态文明法律法规体系建设是重中之重。生态法治建设既要进行生态法治观念的创新，又需要具体生态文明法律制度的完善。生态文明建设的法治之维，涉及的法域综合性极强，民法、经济法、行政法、刑法、诉讼法以及社会保障法、税法、土地法、海洋法等都体现其中。只有加强生态法理念、理论、法规、制度的创新和完善，依法保护、治理、完善生态环境，依法进行生态文明建设，才能推进生态文明领域国家治理体系和治理能力现代化，实现人与自然和谐、物我一体的生态文明的新时代。

生态文明建设和生态文明制度体系的构建需要现代法治的支撑。要完善资源、环境、生态等相关的法律法规，制订完善自然资源资产产权、国土空间开发保护、国家公园、空间规划、海洋、应对气候变化、耕地质量保护、节水和地下水管理、草原保护、湿地保护、排污许可、生态环境损害赔偿等方面的法律法规，为生态文明体制改革提供法治保障。根据《生态文明体制改革总体方案》要求，未来生态文明建设必须走法治化和制度化之路，主要从以下几个方面着手和突破。

1. 完善资源资产法律法规，构建归属清晰、权责明确、监管有效的自然资源资产产权制度，重点解决自然资源所有者不到位、所有权边界模糊的法律问题。

2. 完善国土开发的法律法规，构建以空间规划为基础、以用途管制为主要手段的国土空间开发保护制度，依法解决因无序开发、过度开发、分散开发导致的优质耕地和生态空间占用过多、生态破坏、环境污染等问题。优化国土空间开发布局，是生态文明建设的重要途径和根本举措。优化国土空间开发格局，是推进生态文明建设的根本途径。划定生态保护红线，实施主体功能区制度，建立国土空间开发保护制度，严格按照主体功能区定位推动发展，建立国家公园体制。重点解决缺乏全局规划和顶层设计造成的国土空间开发无序，区域和城乡发展差距加大，资源开发利用效率不高，土地退化，耕地质量下降，环境污染等问题，构建以空间治理和空间结构优化为主要内容，全国统一、相互衔接、分级管理的空间规划体

① 《国家新型城镇化规划（2014—2020年）》。

系，着力解决空间性规划重叠冲突、部门职责交叉重复、地方规划朝令夕改等问题。

3. 完善资源开发、节约等法律法规，依法规范、管理资源总量管理、资源节约制度，依法处罚资源使用浪费严重、利用效率不高等问题。

4. 构建反映市场供求和资源稀缺程度、体现自然价值和代际补偿的资源有偿使用和生态补偿制度，着力解决自然资源及其产品价格偏低、生产开发成本低于社会成本、保护生态得不到合理回报等问题。

5. 构建以改善环境质量为导向，监管统一、执法严明、多方参与的环境治理体系，着力解决污染防治能力弱、监管职能交叉、权责不一致、违法成本过低等问题。

6. 完善、构建运用经济杠杆进行环境治理和生态保护的市场体系的法律法规，依法规范市场主体、市场体系、社会参与等问题，依法调节相关主体的责任和义务。

7. 完善、构建充分反映资源消耗、环境损害和生态效益的生态文明绩效评价考核和责任追究法律法规和相关制度，依法解决发展绩效评价不全面、责任落实不到位、损害责任追究缺失等问题。

参考文献

一　著作类

1. 《马克思恩格斯选集》第1—4卷，人民出版社1995年版。

2. 马克思：《资本论》第1—3卷，人民出版社2004年版。

3. 马克思：《1844年经济学哲学手稿》，人民出版社2000年版。

4. 恩格斯：《自然辩证法》，人民出版社1971年版。

5. 《列宁选集》第1—4卷，人民出版社1995年版。

6. 列宁：《哲学笔记》，人民出版社1974年版。

7. 列宁：《唯物主义和经验批判主义》，人民出版社1998年版。

8. 《毛泽东选集》第1—4卷，人民出版社1991年版。

9. 《邓小平文选》第1—3卷，人民出版社1993年版

10. 《江泽民文选》第1—3卷，人民出版社2006年版。

11. 《习近平谈治国理政》，外文出版社2014年版。

12. 《中华人民共和国土地法律法规全书》，中国法制出版社2016年版。

13. 蔡守秋：《国土法的理论与实践》，中国环境科学出版社1991年版。

14. 蔡守秋：《人与自然关系中的伦理与法》（上、下卷），湖南大学出版社2009年版。

15. 蔡守秋：《生态文明建设的法律和制度》，中国法制出版社2017年版。

16. 曹孟勤、卢风主编：《中国环境哲学20年》，南京师范大学出版社2012年版。

17. 常纪文：《环境法原论》，人民出版社2003年版。

18. 车纯滨：《生态文明建设的实践》，中国环境科学出版社 2009 年版。

19. 陈华彬：《物权法原理》，国家行政学院出版社 1998 年版。

20. 陈辉成：《全球生态环境问题的哲学反思》，中华书局 2005 年版。

21. 陈丽鸿：《中国生态文明教育理论与实践》，中央编译出版社 2009 年版。

22. 陈其荣：《自然哲学》，复旦大学出社 2004 年版。

23. 陈学明：《生态文明论》，重庆出版社 2008 年版。

24. 陈学明：《生态文明论》，重庆出版社 2008 年版。

25. 陈中原：《绿色时尚——21 世纪文明起行》，江苏人民出版社 2002 年版。

26. 崔永和：《走向后现代的环境伦理》，人民出版社 2011 年版。

27. 傅华：《生态伦理学探究》，华夏出版社 2002 年版。

28. 傅治平：《生态文明建设导论》，国家行政学院出版社 2008 年版。

29. 高中华：《环境问题抉择论——生态文明时代的理性思考》，社会科学文献出版 2004 年版。

30. 郭金鸣：《道德责任论》，人民出版社 2008 年版。

31. 韩德培主编：《环境保护法教程》，法律出版社 2012 年版。

32. 韩立新：《环境价值论》，云南出版社 2005 年版。

33. 洪银兴主编：《可持续发展经济学》，商务印书馆 2002 年版。

34. 环境保护部政策法规司编：《新编环境保护法规全书》，法律出版社 2015 年版。

35. 黄承梁：《新时代生态文明建设思想概论》，人民出版社 2018 年版。

36. 黄国勤：《生态文明建设的实践与探索》，中国环境科学出版社 2009 年版。

37. 姬振海：《生态文明论》，人民出版社 2007 年版。

38. 李惠斌：《生态文明与马克思主义》，中央编译出版社 2008 年版。

39. 李可：《马克思恩格斯环境法哲学初探》，法律出版社 2006 年版。

40. 李明华：《人在原野——当代生态文明观》，广东人民出版社 2003 年版。

41. 李培超:《自然的伦理尊严》,江西人民出版社 2001 年版。

42. 李增超:《自然的伦理尊严》,江西人民出版社 2001 年版。

43. 廖福霖:《生态文明建设理论与实践》,中国林业出版社 2003 年版。

44. 林娅:《环境哲学导论》,中国政法大学出版社 2000 年版。

45. 林喆:《权利的法哲学》,山东人民出版社 1999 年版。

46. 刘仁胜:《生态学马克思主义概论》,中央编译出版社 2007 年版。

47. 刘维屏、刘广深:《环境科学与人类文明》,浙江大学出版社 2003 年版。

48. 刘湘溶:《生态文明论》,湖南教育出版社 1999 年版。

49. 刘学谦等:《可持续发展前沿问题研究》,科学出版社 2010 年版。

50. 刘燕华等主编:《脆弱生态环境与可持续发展》,商务印书馆 2001 年版。

51. 刘增惠:《马克思主义生态思想及实践研究》,北京师范大学出版社 2010 年版。

52. 卢风:《生态文明新论》,中国科学技术出版社 2013 年版。

53. 卢风主编:《应用伦理学概论》,中国人民大学出版社 2008 年版。

54. 吕忠梅:《环境法新视野》,中国政法大学出版社 2000 年版。

55. 吕忠梅:《环境法学》,法律出版社 2004 年版。

56. 吕忠梅主编:《环境资源法论丛》第 8 卷,法律出版社 2010 年版。

57. 罗国杰:《中国伦理思想史》,中国人民大学出版社 2008 年版。

58. 牟峡森:《马克思技术哲学思想的国际反响》,东北工业大学出版社 2003 年版。

59. 曲格平等:《环境觉醒——人类环境会议和中国第一次环境保护会议》,中国环境科学出版社 2010 年版。

60. 《曲格平文集》,中国环境科学出版社 2007 年版。

61. 任春:《环境哲学新论》,江西人民出版社 2003 年版。

62. 尚玉昌:《生态学概论》,北京大学出版社 2003 年版。

63. 沈洞洪:《生态经济学》,中国环境科学出版社 2008 年版。

64. 盛连喜主编:《现代环境科学导论》,化学工业出版社 2003 年版。

65. 孙道进：《马克思主义环境哲学研究》，人民出版社 2008 年版。

66. 孙国华主编：《中国特色社会主义法律体系研究——概念、理论、结构》，中国民主法制出版社 2009 年版。

67. 孙宪忠：《德国当代物权法》，法律出版社 1998 年版。

68. 万俊人主编：《现代公共管理伦理导论》，人民出版社 2005 年版。

69. 汪劲等：《环境正义——丧钟为谁而鸣：美国联邦法院环境诉讼经典判例选》，北京大学出版社 2006 年版。

70. 汪劲：《环境法律的理论与价值追求——环境立法目的论》，法律出版社 2000 年版。

71. 王海明：《新伦理学》，商务印书馆 2002 年版。

72. 王海明：《新伦理学原理》，商务印书馆 2017 年版。

73. 王利明：《物权法论》，中国政法大学出版社 1998 年版。

74. 王舒：《生态文明建设概论》，清华大学出版社 2014 年版。

75. 王玉梅：《可持续发展评价》，中国标准出版社 2008 年版。

76. 王泽鉴：《民法总则》，中国政法大学出版社 2001 年版。

77. 吴承业：《环境保护与可持续发展》，方志出版社 2004 年版。

78. 吴风章：《生态文明构建：理论与实践》，中央编译出版社 2008 年版。

79. 吴国盛：《追思自然——从自然辩证法到自然哲学》，辽海出版社 1998 年版。

80. 吴卫星：《环境权研究：公法学的视角》，法律出版社 2007 年版。

81. 夏勇：《人权概念起源》，中国政法大学 2001 年版。

82. 向俊杰：《我国生态文明建设的协同治理体系研究》，中国社会科学出版社 2016 年版。

83. 徐春：《可持续发展与生态文明》，北京出版社 2001 年版。

84. 徐辉等：《国际环境教育的理论与实践》，人民教育出版社 2003 年版。

85. 徐友渔：《“哥白尼式”的革命》，上海三联书店 1994 年版。

86. 许启贤：《世界文明论研究》，山东人民出版社 2001 年版。

87. 薛晓源、李惠斌：《生态文明研究前沿报告》，华东师范大学出版社 2007 年版。

88. 严耕：《生态文明理论构建与文化资源》，中央编译出版社 2009 年版。

89. 严立冬、刘新勇等：《绿色农业生态发展论》，人民出版社 2008 年版。

90. 宴路明：《人类发展与生存环境》，中国环境科学出版社 2001 年版。

91. 叶俊荣：《环境政策与法律》，中国政法大学出版社 2003 年版。

92. 叶平：《环境哲学与伦理》，科学出版社 2004 年版。

93. 叶裕民：《中国城市化与可持续发展》，科学出版社 2007 年版。

94. 余谋昌等主编：《环境伦理学》，高等教育出版社 2019 年版。

95. 余谋昌：《生态文明论》，中央编译出版社 2010 年版。

96. 余谋昌：《生态哲学》，陕西人民教育出版社 2000 年版。

97. 余谋昌：《自然价值论》，陕西人民教育出版社 2003 年版。

98. 俞可平等：《中国公民社会的兴起与治理的变迁》，社会科学文献出版 2002 年版。

99. 俞可平等：《中国公民社会的兴起与治理的变迁》，社会科学文献出版社 2002 年版

100. 张立文：《天人之辩——儒学与生态文明》，人民出版社 2013 年版。

101. 张文显：《法哲学范畴研究》，中国政法大学出版社 2001 年版。

102. 章友德：《城市现代化指标体系研究》，高等教育出版社 2006 年版。

103. 赵建军：《追问技术悲观主义》，东北大学出版社 2001 年版。

104. 赵凌云等：《中国特色生态文明建设道路》，中国财政经济出版社 2014 年版。

105. 赵柱慎主编：《生态经济学》，化学工业出版社 2009 年版。

106. 《2013 中国可持续发展战略报告——未来 10 年生态文明之路》，科学出版社 2013 版。

107. 《中华人民共和国可持续发展国家报告》，人民出版社 2012 年版。

108. 《中华人民共和国民事法律法规全书》，法律出版社 2016 年版。

109.《中华人民共和国知识产权法律法规全书》，法律出版社 2015 年版。

110. 周海林：《可持续发展原理》，商务印书馆 2004 年版。

111. 周敬宣：《环境与可持续发展》，华中科技大学出版社 2007 年版。

112. 朱贻庭：《应用伦理学辞典》，上海辞书出版社 2013 年版。

113. 左其亭、王丽、高军省：《资源节约型社会评价——指标·方法·应用》，科学出版社 2000 年版。

二 论文类

1. 蔡立东：《智慧法院建设：实施原则与制度支撑》，《中国应用法学》2017 年第 2 期。

2. 蔡守秋：《论环境道德与环境法的关系》，《重庆环境科学》1999 年第 2 期。

3. 蔡守秋：《深化环境资源法学研究，促进人与自然的和谐发展》，《法学家》2004 年第 1 期。

4. 曹孟勤、黄新：《从征服自然的自由走向生态自由》，《自然辩证法研究》2012 年第 10 期。

5. 曹顺仙：《论生态危机全球化》，《生态经济》2009 年第 9 期。

6. 常纪文：《再论环境法的调整对象——评“法只调整社会关系”的传统法观点》，《云南大学学报》（法学版）2002 年第 4 期。

7. 陈泉生：《论科学发展观与法律的生态化》，《法学杂志》2005 年第 5 期。

8. 崔建霞：《共生共荣：人与自然的和谐发展》，《北京理工大学学报》（社会科学版）2003 年第 6 期。

9. 杜万平：《解读生态法学》，《暨南学报》（哲学社会科学版）2007 年第 3 期。

10. 方李莉：《“文化自觉”与中国文化价值体系的重构》，《群言》2009 年第 2 期。

11. 费孝通：《重建社会学与人类学的回顾和体会》，《中国社会科学》2000 年第 1 期。

12. 郭照保、杨开摹：《生态现代化理论评述》，《教学与研究》2000年第4期。

13. 黄品、周海林：《全球可持续发展战略的回顾与展望》，《世界环境》2000年第4期。

14. 焦传岭：《谈谈环境道德与环境法的双向趋同》，《武汉大学学报》（哲学社会科学版）2007年第5期。

15. 李校利：《生态文明研究综述》，《学术论坛》，2013年第2期。

16. 刘福森：《生态伦理学的困境与出路》，《北京师范大学学报》（社会科学版）2008年第3期。

17. 刘福森：《生态伦理学的困境与出路》，《北京师范大学学报》（社会科学版）2008年第3期。

18. 刘军：《论西方环境史的政治特点》，《史学月刊》2006年第3期。

19. 刘立国、王洁、赵剑强：《环境资源与生态系统的关系》，《地球科学与环境学报》2005年第3期。

20. 刘文燕、刘滨：《生态法学产生的原因及指导思想》，《求是学刊》1998年第2期。

21. 刘限、王春年：《环境伦理学——一门新兴交叉性学科》，《河北师范大学学报》（哲学社会科学版）2003年第6期。

22. 卢风：《生态价值观与制度中立——兼论生态文明的制度建设》，《上海师范大学学报》2009年第3期。

23. 卢巧玲：《生态价值观：从传统走向后现代》，《社会科学家》2006年第4期。

24. 吕忠梅：《中国环境司法现状调查》，《法学》2011年第4期。

25. 马骧聪：《俄罗斯联邦的生态法学研究》，《外国法译评》1997年第2期。

26. 聂华林：《论生态发展》，《开发研究》2002年第1期。

27. 钱永苗：《环境法调整对象的应然与实然》，《中国法学》第3期。

28. 曲格平：《从斯德哥尔摩到约翰内斯堡的发展道路》，《中国环境报》2002年10月17日。

29. 任永安、邹爱勇：《美国反环保运动的政策与法律分析》，《法学杂志》2009 年第 11 期。

30. 桑本谦：《法治及其社会资源——兼评苏力“本土资源”说》，《现代法学》2006 年第 1 期。

31. 石文龙：《法律与道德关系新论》，《西南政法大学学报》2003 年第 4 期。

32. 史家亮：《构建科学生态价值观刍论》，《内蒙古农业大学学报》（社会科学版）2008 年第 6 期。

33. 苏力：《“法”的故事》，《读书》1998 年第 7 期。

34. 苏力：《反思法学的特点》，《读书》1998 年第 1 期。

35. 孙莉：《法治与德治正当性分析》，《中国社会科学》2002 年第 6 期。

36. 孙笑侠：《法律家的技能与伦理》，《法学研究》2001 年第 4 期。

37. 孙笑侠：《法学的本相——兼论法科教育转型》，《中外法学》2008 年第 3 期

38. 孙佑海：《循环经济与立法研究》，《科技法与知识产权法前沿问题理论研讨会及山东省科技法学研究会 2007 年年会论文集》。

39. 孙玉伟：《20 世纪 60—90 年代美国环境保护运动研究》，山东师范大学 2013 年硕士论文。

40. 丸山正次：《环境政治理论的基本视角——对日本几种主要环境政治理论的分析与批判》，《文史哲》2005 年第 6 期。

41. 汪劲：《伦理观念的嬗变对现代法律及其实践的影响——以从人类中心到生研究状况的调查报告》，《法律科学》2005 年第 4 期。

42. 汪劲：《论全球环境立法的趋同化》，《中外法学》1998 年第 2 期。

43. 王昊：《20 世纪 80 年代美国反环保主义力量及其对环保政策的影响》，《兰州学刊》2007 年第 12 期。

44. 王建明：《人类中心主义之我见》，《哲学动态》1995 年第 1 期。

45. 王韬洋：《环境正义运动及其对当代环境伦理的影响》，《求索》2003 年第 5 期。

46. 王韬洋：《环下境正义——当代环境伦理发展的现实趋势》，《浙

江学刊》2002 年第 5 期。

47. 王向红：《美国的反环保运动》，《安徽农业科学》2007 年第 13 期。

48. 王向红：《美国的环境正义运动及其影响》，《福建师范大学学报》2007 年第 4 期。

49. 王小钢：《中国环境法学 30 年发展历程和经验》，《当代法学》2000 年第 1 期。

50. 王雪琴：《美国反环境运动初探》，《中国人口·资源与环境》2005 年第 4 期。

51. 王玉樑：《关于价值本质的几个问题》，《学术研究》2008 年第 8 期。

52. 吴卫星：《环境权入宪之实证研究》，《第一届中法环境法学术研讨会会议论文汇编》，武汉大学出版社 2006 年版。

53. 夏勇：《权利哲学的基本问题》，《法学研究》2004 年第 3 期。

54. 肖中舟：《关于工业技术文明批判的若干思考》，《深圳大学学报》（人文社会科学版）2000 年第 3 期。

55. 谢海定：《中国法治经济建设的逻辑》，《法学研究》2017 年第 6 期。

56. 熊易寒：《“市场脱嵌”与环境冲突》，《读书》2007 年第 9 期。

57. 徐春：《生态文明与价值观转向》，《自然辩证法研究》2004 年第 4 期。

58. 徐嵩龄：《环境伦理学研究论纲》，《学术研究》1999 年第 4 期。

59. 徐显明、曲相霏：《人权主体界说》，《中国法学》2001 年第 2 期。

60. 徐显明：《人权理论研究中的几个普遍性问题》，《文史哲》1996 年第 2 期。

61. 徐祥民、巩固：《环境损害中的损害及其防治探析——兼论环境法的特征》，《社会科学战线》2007 年第 5 期。

62. 徐祥民：《环境权论》，《中国社会科学》2004 年第 4 期。

63. 徐振东：《社会基本权理论体系的建构》，《法律科学》2006 年第 3 期。

64. 杨通进：《环境伦理学的基本理念》，《道德与文明》2000 年第 1 期。

65. 杨通进：《环境伦理学的三个理论焦点》，《哲学动态》2002 年第 5 期。

66. 余谋昌：《从生态伦理到生态文明》，《马克思主义与现实》2009 年第 2 期。

67. 余谋昌：《走出人类中心主义》，《自然辩证法研究》1994 年第 7 期。

68. 袁记平：《马克思主义生态观与生态社会建设》，《求实》2011 年第 12 期。

69. 曾建平：《生态伦理：解读人与自然关系的新范式》，《天津社会科学》2003 年第 3 期。

70. 张士敏：《拥抱大树》，《读者》2001 年第 9 期。

71. 张首先：《生态文明：内涵、结构及基本特性》，《陕西师范大学学报》2010 年第 1 期。

72. 朱斌、张利华、宋江华：《资源、环境与社会发展》，《科学对社会的影响》1994 年第 1 期。

73. 王锡梓：《滥用知情权的逻辑及展开》，《法学研究》2017 年第 6 期。

后　记

生态文明是习近平新时代中国特色社会主义思想的重要组成部分。基于全球化和人类命运共同体的认知维度，探究德治与法治视域下我国生态文明建设现状、特征和规律，对推进生态文明和建设美丽中国、实现中华民族永续发展具有重大的现实意义和深远的历史意义。

“生态兴则文明兴、生态衰则文明衰”的思想是对人类文明发展规律、自然规律和经济社会发展规律的深刻阐述，揭示了生态与文明、生态环境保护与人类文明兴衰的本质联系。“绿水青山就是金山银山”的思想，深刻论述了生态与生产力的重大关系，保护生态就是保护生产力，改善生态就是发展生产力的科学判断，突出强调了自然生态在生产力系统中不可替代的重要作用。党的十八大以来，我国的生态文明建设从理论到实践、从顶层设计到体制改革、从国内突破到国际引领，成绩斐然、令人刮目。

生态治理需要多管齐下，生态文明建设需要综合施策。在众多的生态文明建设的治理举措中，德治与法治的作用彰显。生态治理既要重视发挥法律的规范作用，又要重视发挥道德的教化作用，以法治体现生态道德理念、强化法律对生态道德建设的促进作用，以道德滋养生态法治精神、强化道德对生态法治文化的支撑作用，在生态文明的建设中实现法律和道德相辅相成、法治和德治相得益彰。

基于哲学与法理学的研究背景，作者从德治与法治融合治理的视域，对生态文明建设和生态治理进行实证和学理上的探究，希冀从交叉学科的研究中，获得一些有益于新时代的学理思想和建言之策，以期有为于我们所处的生态文明时代，做一件有意义的事情。

学习借鉴方能实现创新。在本书写作过程中，参阅借鉴了许多伦理学和法学研究者的学术成果，作者尽量在书中进行详细的标注和标示，以示对同行的敬意和尊重。本书得到了中国社会科学出版社编辑冯春凤老师的鼎力相助，她认真负责的职业精神，令本书增色不少，在此深表敬意。作者对生态文明的跨学科研究刚刚起步，书中肯定存在不少纰漏和不足，敬请读者原谅。

2019 年 4 月于济南